Elementary Knowledge of Whisky

ウイスキーの基礎知識

知りたいことが初歩から学べるハンドブック

橋口孝司著

はじめに

　私は最近、セミナーやテイスティング会に参加してくださる方に【ウイスキーのおいしさは人それぞれ】ということを強く伝えるようになりました。

　その理由は、今まで私がウイスキーについていろいろな勉強や研究を重ね、多くの方にウイスキーを提供したり、お話をしてきた経験を通してこれこそが〝ウイスキーのおいしさの本質〟だと心から実感しているからなのです。

　まずそのことを知ったうえで、本書のような基礎知識や情報を得ると、さらにウイスキーを愉しむことができると考えています（このことについては本書内22ページに詳しく書いていますのでぜひご覧ください）。

　日本で本格的なウイスキー造りが始まって100年が経ち、現在日本には、歴史上最多のウイスキー蒸溜所（約120カ所）があります。日本全国各地でさまざまなウイスキーが誕生しています。

　さらに日本以外の国でも、世界的なウイスキーブームにのって蒸溜所の数や生産量も増え、1カ所の蒸溜所で多種多様なウイスキーを造るようになり、その結果、商品バリエーションは以前に比べて格段に多くなっています。

さらに、昔に比べて多くの情報が簡単に手に入るようになりました。ウイスキーについてもWebサイトだけでなく、動画やSNSでもさまざまな情報が毎日のように発信され、氾濫しています。しかし、中には間違った情報や古い情報もたくさんあるのも事実です。

こんなときだからこそ、誤った情報に惑わされず正しい情報を見極め、取捨選択するために、正しい知識が必要なのではないでしょうか。

世界中の多くのウイスキーの中から自分がおいしいと思うウイスキーに出会えたら、とても幸せですよね。そのための知識や情報として、本書が一助になれば幸いです。

最後に、日頃からウイスキーに関する情報交換をしたり、大変お世話になっている目白田中屋の栗林幸吉氏、リカーズハセガワの大澤周作氏、私の尊敬するスーパー営業マンの杉本昌司氏、ハートマングループ代表の立原健司氏、セミナーなどに参加してくださっているウイスキーファンの皆さまに心より感謝いたします。

また、本書出版にあたり弊社スタッフの近藤悟子さん、企画制作を担ってくれたバブーンの矢作美和さん、茂木理佳さんにもお礼申し上げます。

西麻布サロンにて

橋口孝司

漫画　ウイスキーの基本を知ろう！

1「ウイスキーってどんなお酒？」

ウイスキーは一言でいうと、『穀物を原料に醸造、蒸溜、熟成しているお酒』です

一般的にウイスキーは

① 穀物（大麦麦芽、大麦、とうもろこし、小麦、ライ麦など）を原料にしている

② 糖化、発酵、蒸溜を行っている

③ 木樽熟成している

と定義されます

へえ

※定義の詳細は国によって異なる

とはいえ、ウイスキーの定義は国によってさまざまウイスキーは世界中で造られています

スコットランドのスコッチウイスキーは有名ですね

日本のウイスキーもスコッチウイスキーと同じ方式で造られているものが多いです

アメリカのウイスキーといえばバーボンが有名ですね

へ〜

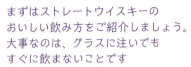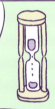

漫画　ウイスキーの基本を知ろう！

3「モルト、バーボン、ブレンデッドの違いは？」

ウイスキーってなんだか専門用語がたくさんありますよね…

モルトとかブレンデッドとか…あれってどういう意味なんでしょう

それはウイスキーの分類を表す言葉ですね。
ウイスキーは使われている原料や国、造り方などによって呼び名が変わります。よく聞くのはこのあたりかな？

● バーボンウイスキー
アメリカのウイスキーの中の1つの分類。
トウモロコシを51％以上使い、内側を焦がした新樽で熟成させる

● ブレンデッドウイスキー
モルトウイスキーとグレーンウイスキーをブレンドして造られたウイスキー

● モルトウイスキー
大麦麦芽（モルト）のみを原料にしたウイスキー

● グレーンウイスキー
トウモロコシや小麦などの穀物を原料にしたウイスキー

※分類の呼び名は国によって規定が異なる

たとえば、スコッチウイスキーで有名な「ホワイトホース」や「ジョニ黒（ジョニーウォーカーブラックラベル）」はブレンデッドスコッチウイスキーです

ちなみにスコッチウイスキーのうち、80％以上はブレンデッドウイスキーです

「ザ・マッカラン」や「グレンフィディック」はシングルモルトスコッチウイスキーです

「ジムビーム」や「ジャックダニエル」はバーボンウイスキー（アメリカンウイスキー）ですね

漫画　ウイスキーの基本を知ろう！

5「最初に飲むとよいものは？」

まずはタイプの異なるウイスキーを飲み比べて、それぞれの味を知りましょう！

僕のおすすめの10本はこちらです

①ジョニーウォーカー ブラックラベル

ブレンデッドスコッチ

ブレンデッドスコッチの代表

世界ナンバー1スコッチウイスキーブランド

通称 ジョニ黒

③ボウモア12年

シングルモルトスコッチ

スモーキーなシングルモルトの代表

ボウモアの中で1番スタンダードな商品

②グレンフィディック12年
スペシャルリザーブ

シングルモルトスコッチ

シングルモルトスコッチの代表

グレンフィディックの中で1番スタンダードな商品

④ジェムソン スタンダード

アイリッシュ（ブレンデッド）

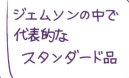

アイリッシュウイスキーの代表

特に女性には人気が高い

ジェムソンの中で代表的なスタンダード品

漫画 ウイスキーの基本を知ろう！

── COLUMN ──

ウイスキーラベルの見方

ウイスキーのラベルには、さまざまな要素が詰め込まれている。ここでは「ザ・グレンリベット12年」を例に説明しよう。

ブランド／商品名

そのウイスキーの商品名が一番目立つように大きく表記されている。シングルモルトは蒸溜所名、ブレンデッドはブランド名が大きく表示されている場合が多い。

熟成年数

最低熟成年数が記載されている。この場合、「12 YEARS OF AGE」とあるため、12年以上熟成した原酒が使われているということがわかる。

ウイスキーのタイプ

シングルモルトか、ブレンデッドモルトかなど、どのタイプのウイスキーなのかがわかる。この場合「シングルモルトスコッチウイスキー」。

シンボルイラスト

そのウイスキーや蒸溜所の特徴がイラストで入っていることが多い。この場合、ザ・グレンリベットの創始者、ジョージ・スミスの肖像画のアイコンと下には署名が入っている。

熟成方法

熟成にどんな樽を使っているか、樽に由来するフレーバーの特徴などが記載されている。この場合「アメリカンオーク」と「ヨーロピアンオーク」で熟成したことがわかる。

容量と度数

すべてのボトルに容量とアルコール度数が表記されている。この場合は容量が700ml、アルコール度数が40度ということがわかる。

ウイスキーラベルの見方

ラベルからわかるいろいろ

冷却ろ過と着色料
ノンチルフィルタードは冷却ろ過していない、ナチュラルカラーは着色料無添加を表す表記。

フィニッシュ（一部）
初めに熟成させた樽とは異なる樽で「一部のウイスキー」を一定期間追加熟成したウイスキー。

フィニッシュ
初めに熟成させた樽とは異なる樽で「全てのウイスキー」を一定期間追加熟成したウイスキー。

ブレンド
異なる樽で熟成したウイスキーをブレンドしたウイスキー。blendの表記はないものも多い。

フルマチュワード
全ての熟成期間を1種類の樽で熟成した原酒を使用していることを表している。

蒸溜年とボトリング年
熟成年数がわかる。少ロットで商品化するボトラーズ商品では表記されていることが多い。

ワールドブレンデッド
複数の国で造られたウイスキーをブレンドしているウイスキーということ。

シリアルナンバー
製造本数が限られている商品に記載されている場合がある。限定数の中の1本とわかる。

○○○ Exclusive
蒸溜所限定、旅行者限定（主に免税店）、メンバー限定など発売先を限定している商品。

目次

はじめに …………………………………………… 2

漫画 ウイスキーの基本を知ろう！ ………… 4

COLUMN　ウイスキーラベルの見方 ………… 16

COLUMN　ウイスキーのおいしさは人それぞれ ……… 22

1章 世界のウイスキー

世界のウイスキー産地 ………………………… 24

Chapter1　スコットランド ………………… 26

Chapter2　アイルランド …………………… 32

Chapter3　アメリカ合衆国 ………………… 34

Chapter4　カナダ …………………………… 38

Chapter5　日本 ……………………………… 40

Chapter6　インド …………………………… 44

Chapter7　台湾 ……………………………… 45

Chapter8　ヨーロッパなど他の国のウイスキー ……… 46

2章 ウイスキーの蒸溜所

スコットランド　ハイランド ……………… 48

スコットランド　スペイサイド …………… 52

スコットランド　ローランド ……………… 56

スコットランド　キャンベルタウン／アイランズ … 57

スコットランド　アイラ …………………… 58

アイルランド ………………………………… 60

アメリカ　ケンタッキー州 ………………… 62

アメリカ・カナダ　テネシー州　その他／カナダ … 64

日本　東日本 ………………………………… 66

日本　西日本 ………………………………… 70

その他　ウェールズ、イングランド、イタリア、
フィンランド、インド、台湾、オーストラリア ……… 72

COLUMN　蒸溜所に行ってみよう ………… 74

目次

10のキーワードで読み解くウイスキー物語

1 ウシュクベーハー ……………… 77
2 樽熟成 …………………………… 78
3 スコッチウイスキーの法制度 … 79
4 連続式蒸溜機 …………………… 80
5 フィロキセラ害 ………………… 81
6 バーボンと禁酒法 ……………… 82
7 ボトラーズ ……………………… 83
8 低迷と大資本 …………………… 84
9 高騰と偽造 ……………………… 85
10 クラフトウイスキー …………… 86

3章 ウイスキーを味わう

Chapter1　ウイスキーの味を決める要因 …… 88
Chapter2　ウイスキーの香りを知る ………… 90
Chapter3　ウイスキーのテイスティング …… 96
テイスティングシート …………………………… 98

ウイスキーを愉しむ ………………… 102

ストレート …………………………… 104
ワンドロップ ………………………… 105
トワイスアップ ……………………… 106
オン・ザ・ロックス ………………… 107
ハイボール …………………………… 108
水割り ………………………………… 110
ウイスキー・フロート ……………… 111
ミスト ………………………………… 112
ホットウイスキー …………………… 113

家飲みを愉しむための道具 ………… 114

19

目次

8つのキーワードで読み解く日本のウイスキー物語

1 最初のウイスキー「白札」……………… 117
2 鳥井信治郎と竹鶴政孝 ……………… 118
3 山崎蒸溜所 ……………………………… 119
4 余市蒸溜所 ……………………………… 120
5 「角瓶」「オールド」「スーパーニッカ」… 121
6 ウイスキーの衰退 ……………………… 122
7 シングルモルトウイスキーの評価 …… 123
8 クラフトウイスキー …………………… 124

4章 買えても買えなくても 飲んでみたいウイスキー100本

COLUMN　今こそ狙いめ「オールドボトル」……… 126

シングルモルトスコッチ ……………………… 128
ブレンデッドスコッチ ………………………… 148
アイリッシュ …………………………………… 164
アメリカン ……………………………………… 166
カナディアン …………………………………… 169
シングルモルト日本 …………………………… 170
ブレンデッド日本 ……………………………… 177
フィンランド・イスラエル …………………… 179
台湾 ……………………………………………… 180

5章
ウイスキーの造りを知る

ウイスキーの分類 ……………………… 182
ウイスキーができるまで（モルトウイスキー）……… 184

Chapter1　ウイスキーに使う原料 ……………… 190
Chapter2　ウイスキーのプロセスウォーター …… 192
Chapter3　大麦麦芽の果たす役割 ……………… 194
COLUMN　ピートとピーテッドウイスキー ……… 196
Chapter4　大麦麦芽の糖化 ……………………… 198
Chapter5　麦汁を発酵させアルコールに ……… 200
Chapter6　ウイスキーの酵母 …………………… 202
Chapter7　ウイスキーの蒸溜 …………………… 204
Chapter8　連続式蒸溜機のしくみと風味 ……… 208
Chapter9　ウイスキーの熟成 …………………… 210
Chapter10　樽の種類と樽材 …………………… 212
Chapter11　ブレンディングとヴァッティング …… 216
COLUMN　樽熟成の進化 ……………………… 218

索引 ……………………… 219
問い合わせ先一覧 ……… 222

スタッフ
デザイン　　中村たまを
イラスト　　内山弘隆、藤井昌子
漫画　　　　藤井昌子
撮影　　　　福田論（カバー）、糸井康友（本文）
編集制作　　矢作美和、茂木理佳、齋藤葵緒（バブーン株式会社）

※本書には「ウイスキーの教科書」（橋口孝司著）の写真や図を一部流用しています。また、情報はすべて2024年11月末のものです。本書の人名はすべて敬称略にしています。

— COLUMN —

ウイスキーのおいしさは人それぞれ
〜客観的事実と主観的評価とは〜

「ウイスキーをおいしく飲むにはどうしたらよいか？」

私は、ホテルバーテンダーとしてウイスキーに関わり始めたときから現在まで、常にそのことを考えています。

バーテンダーを始めたときは、ホテルバーを利用するお客様が質問されることに答えようと必死に勉強しました。それから商品のこと、産地のこと、造り方のこと、どんどん勉強の幅は広がっていきました。さらには味覚のこと、香りのこと、心理学も研究しました。

さらにお客様にウイスキーを提供し、セミナーでお話しする中でお客様からたくさんの質問や感想を聞きました。その中には誤解や勘違いも多くあり、それがウイスキーのおいしさを損なう原因になっていると感じることさえありました。

それらの研究と経験を踏まえて私がたどり着いた結論は、【ウイスキーのおいしさは人それぞれ】ということでした。

もう少しくわしく説明するとウイスキーのおいしさは「客観的事実」と「主観的評価」によってできているということです。

客観的事実とは、ウイスキーでいうと「スコッチウイスキー」「○○蒸溜所で造られた」「12年熟成」など、誰が見ても変わらない情報や知識です。

主観的評価とは、ウイスキーを飲んだときに感じる味や香り、おいしさなどです。

おいしさ(味覚)は人によって違います。そして同じ人でも、飲むシーンによって感じる味は大きく変わります。さらに、客観的事実＝情報をどれだけ知っているかによっても変わります。

私たちは商品説明にある香りや味の説明を見て「そう感じないと間違っている」と思いがちですが、そんなことは全くないのです。なぜならそれらはあくまで「主観的評価」なのですから。

この本は、ウイスキーに関する客観的事実＝知識や情報を知ってもらうための本です。

これらの情報を元に、皆さま自身でウイスキーのおいしさを主観的に評価してもらえればと思います。

1章 世界のウイスキー

※本章の人口や面積などのDATAは外務省や総務省統計局などのものをもとにして作成しています。

世界の ウイスキー 産地

世界の主要ウイスキー産地は以下のとおり。それぞれの国でさまざまな種類のウイスキーが造られている。

スコットランド
スコッチウイスキーはウイスキーの代表格。130以上の蒸溜所があり、スモーキーな風味など個性豊かな風味が楽しめる。

アードベッグ蒸溜所

アメリカ
ケンタッキー州などで造られるアメリカンウイスキー。内側を焦がした新樽で造るバーボンウイスキーが世界的に有名。

ジムビーム蒸溜所

ジャックダニエル蒸溜所

アイルランド
ウイスキー発祥地のひとつとされ、古い歴史を持つアイリッシュウイスキー。3回蒸溜を行う伝統的な製法がある。

ミドルトン蒸溜所

カナダ
ライトな酒質とクセのないマイルドな味わいが特徴のカナディアンウイスキー。飲みやすいので初心者にもおすすめ。

ハイラム・ウォーカー蒸溜所

1章 世界のウイスキー

その他のヨーロッパ
イングランドやイタリア、ドイツ、フランス、フィンランドなど少量生産の蒸溜所が多いが、ウイスキー産地も増えている。

プーニ蒸溜所

日本

スコッチウイスキーの流れを汲みつつも、独自の発展を遂げたジャパニーズウイスキー。近年は特に世界的評価が高い。

余市蒸溜所

台湾
カバラン蒸溜所が世界的なウイスキーコンペで多くの賞を獲得するなど、亜熱帯気候を生かしたウイスキーが人気。

カバラン蒸溜所

山崎蒸溜所

オセアニア
オーストラリアとニュージーランドは注目のウイスキー産地として成長している。シングルモルトウイスキーが中心。

インド

ウイスキー消費量では世界トップのウイスキー大国。熱帯性気候で造るウイスキーは熟成が早く、新たな個性を持つ。

ポールジョン蒸溜所

25

Chapter1

スコットランド

Data
面積　約78,772km²
人口　約544万人
住民　ケルト系、アングロサクソン系
公用語　英語／スコットランド・ゲール語
主要都市　エディンバラ／グラスゴー／アバディーンなど

スコットランドの大麦畑
（ザ・グレンリベット蒸溜所）

　いわずとしれた代表的なウイスキー産地。スコッチウイスキーはウイスキーの代名詞ともいわれ、130以上の蒸溜所があるとされる。
　スコットランドはイギリスの4地域のひとつで、人口と面積はイングランドに次ぐ。北部のハイランドは山岳地帯、南部のローランドは丘陵地帯で人口も多いが、ウイスキーの生産地はハイランドに集中している。スコットランドは緯度が高く一年中気温が低い。ほとんどが湿地に覆われたやせた土地だが、ウイスキーの原料である大麦の生育環境としては非常に適している。また、湿地帯がピート（泥炭）を生み、このピートを燃料に大麦麦芽を乾燥させることでスコッチ独特の香味が生まれた。ピートが生み出すスモーキーなフレーバーは世界中の多くのファンを魅了している。
　生産地はハイランド、スペイサイド、ローランド、キャンベルタウン、アイラ、アイランズの6つの産地から成り立つ。
　モルトウイスキーにグレーンウイスキーを混ぜるブレンデッドウイスキーが主流だが、近年ではシングルモルトウイスキーも人気となっている。

生産地の区分

ハイランド、スペイサイド、ローランド、キャンベルタウン、アイラ、アイランズの6つの産地がある。

1章 世界のウイスキー

スコッチウイスキーの定義（法律）

1. 原料は水と酵母と大麦麦芽およびその他の穀物を使う。
2. 糖化、発酵、蒸溜はスコットランドの蒸溜所で。
3. 蒸溜後のアルコール度数は94.8％以下。
4. 熟成については、容量700L以下のオーク樽で。
5. スコットランド国内の保税倉庫で3年以上熟成。
6. 蒸溜後に水（加水）とプレーンカラメル以外の添加は認められていない。
7. 瓶詰め時の最低アルコール度数は40％。

スコッチウイスキー 5つの分類

シングルモルト	大麦麦芽のみを原料として、他の蒸溜所の原酒を混ぜず、単一の蒸溜所で造られた原酒のみを瓶詰めしたウイスキー。
シングルグレーン	トウモロコシ、小麦粉などを主原料とし、単一の蒸溜所で造られた原酒のみを瓶詰めしたウイスキー。製品化されることは少ない。
ブレンデッドモルト（ヴァッテッドモルト）	いくつかの蒸溜所のモルトウイスキー原酒を、混和してから瓶詰めしたウイスキー。
ブレンデッドグレーン（ヴァッテッドグレーン）	いくつかの蒸溜所のグレーンウイスキー原酒を、混和してから瓶詰めしたウイスキー。製品化されることは、シングルグレーン以上に少ない。
ブレンデッドウイスキー	モルトウイスキーとグレーンウイスキーを混和したもの。味の要になるモルト原酒（キーモルト）を中心に、数十種類の原酒がブレンドされる。

モルトウイスキーの生産地区分

スコットランドは気候や環境などからウイスキー造りにふさわしい風土だ。スコットランド全土で稼働している蒸溜所は、130以上あり、これらは生産地区によってハイランド、スペイサイド、ローランド、キャンベルタウン、アイラ、アイランズの6つに分けられる。

1. ハイランドモルト（スペイサイドを除く）

東のダンディー、西のグリーノックを結ぶ境界線で北側に位置する地域。ハイランドは広範囲にわたるため、その中でも東西南北に区分される。蒸溜所が集中するスペイサイドは独立した生産地区分とする。蒸溜所のある場所の環境や製造法が異なるため、味にさまざまなバリエーションがある。

ハイランド地方

ハイランド東
大都市アバディーンのある、東岸沿いの平野の地域を指す。アードモア、グレンドロナックなど。

ハイランド西
スコットランド最高峰ベンネヴィス峰の周辺地域。現在、稼働している蒸溜所は大変少ない。

ハイランド南
ローランドとの境界線からグランピアン山脈の南部までに分布する地域。ロッホローモンドなど。

ハイランド北
首都といわれるインバネス周辺からグレートブリテン島最北部までを指す。クライヌリッシュなど。

1章 世界のウイスキー

2. スペイサイドモルト

ハイランド地方東部のエルギン、ダフタウン及びスペイ川流域を指す。ハイランドの蒸溜所のほとんどが集中している。

スコッチのモルトウイスキーの中では、最も華やかな香りを放ち、バランスのいい酒が多い。スコットランド最大級の川・スペイ川流域はウイスキーの黄金地帯といわれ、有名蒸溜所がずらりと並ぶ。政府の公認を受けた最初の蒸溜所のザ・グレンリベット蒸溜所のほか、現在も家族経営を続けているグレンフィディック蒸溜所、「シングルモルトのロールスロイス」と称されるザ・マッカラン蒸溜所などがある。

スペイ川

ザ・グレンリベット蒸溜所

3. ローランドモルト

ハイランドとの境界線の南側の地域で、3回蒸溜して軽快なフレーバーに仕上げるのが伝統だ。グレーンウイスキーの産地というイメージが強いが、かつてはたくさんのモルトウイスキーを造っていた。一時は稼働する蒸溜所が3つのみになったが、ここ10年ほどはエディンバラやグラスゴーなどに新しい蒸溜所がたくさんオープンしている。

4. キャンベルタウンモルト

ハイランドの西方にあるキンタイア半島の先端にある町・キャンベルタウンは優良な港だったことからアメリカにたくさん輸出され、全盛期には30を超える蒸溜所があった。しかし、禁酒法の影響で最大のマーケットだったアメリカ市場を失って、蒸溜所は減少。

現在は、スプリングバンク蒸溜所など3つの蒸溜所が稼働している。

5. アイラモルト

　スコットランド西岸のヘブリディーズ諸島の南端にあるアイラ島で造られるアイラモルトは、モルトの中でもスモーキーで、ピート香の強いヘビーなモルトが有名。

　アイラ島は全島が厚いピートの層に覆われており、良質な水に恵まれていることからウイスキー造りが盛んに。海に囲まれているアイラ島のピートは海産物を多く含む。加えて、蒸溜所のほとんどが海沿いに建っているため、「潮の香り、海藻のような」個性が際立つウイスキーとなる。

　現在はアードベッグ、キルホーマン、ボウモア、カリラなど、10カ所の蒸溜所がある。

ラフロイグ蒸溜所

キルホーマン蒸溜所

6. アイランズモルト

　スコットランドの北岸から西岸の沖に位置するオークニー諸島、スカイ島、マル島、ジュラ島、アラン島などの島のモルトを指す。オークニー諸島のハイランドパーク、ジュラ島のアイル・オブ・ジュラ、スカイ島のタリスカーなど、島ごとに全く違う個性豊かなモルトを生み出している。

タリスカー蒸溜所があるスカイ島

1章 世界のウイスキー

ウイスキーの販売数量2023

1位 🇮🇳 マクダウェル No.1 （インディアンウイスキー）

2位 🇮🇳 ロイヤルスタッグ （インディアンウイスキー）

3位 🇮🇳 オフィサーズチョイス （インディアンウイスキー）

4位 🇮🇳 インペリアルブルー （インディアンウイスキー）

5位 🏴󠁧󠁢󠁳󠁣󠁴󠁿 ジョニーウォーカー （スコッチウイスキー）

6位 🇺🇸 ジャックダニエル （アメリカンウイスキー）

7位 🇺🇸 ジムビーム （アメリカンウイスキー）

8位 🇮🇪 ジェムソン （アイリッシュウイスキー）

9位 🇮🇳 ブレンダーズプライド （インディアンウイスキー）

10位 🇮🇳 8PM （インディアンウイスキー）

11位 🇮🇳 ロイヤルチャレンジ （インディアンウイスキー）
12位 🏴󠁧󠁢󠁳󠁣󠁴󠁿 バランタイン （スコッチウイスキー）
13位 🇨🇦 クラウンローヤル （カナディアンウイスキー）
14位 🇮🇳 スターリングリザーブ （インディアンウイスキー）
15位 🏴󠁧󠁢󠁳󠁣󠁴󠁿 シーバスリーガル （スコッチウイスキー）
16位 🏴󠁧󠁢󠁳󠁣󠁴󠁿 グランツ （スコッチウイスキー）
17位 🇯🇵 サントリー角 （ジャパニーズウイスキー）
18位 🇮🇳 ロイヤルグリーン （インディアンウイスキー）
19位 🏴󠁧󠁢󠁳󠁣󠁴󠁿 ウイリアム ローソンズ （スコッチウイスキー）
20位 🇮🇳 ディレクターズスペシャル （インディアンウイスキー）

イギリスの酒類専門誌「Drinks International」が毎年発表している2023年のウイスキーの販売数量の結果を見ると1位～4位、そして9位と10位とトップ10のうち6つをインディアンウイスキーが獲得している。インドは人口が約14億人おり、またウイスキーの消費量も世界で1位なので、この結果も頷けるだろう。

Chapter2
アイルランド

ジェムソン蒸溜所

Data

● アイルランド共和国
面積　約70,300km²
人口　約515万人
住民　ケルト系アイルランド人
公用語　アイルランド語
主要都市　ダブリンなど

● 北アイルランド
面積　約14,130km²
人口　約191万人
住民　ケルト系/アングロサクソン系
公用語　英語
主要都市　ベルファストなど

　グレートブリテン島の西に位置する島で、共和制のアイルランド共和国と、英国の一員である北アイルランドという2つの国と地域が存在する。だが、北アイルランド含め、アイルランド島全域で造るウイスキーをアイリッシュウイスキーと分類する。

　アイリッシュウイスキーの歴史は古く、スコッチよりも前に蒸溜技術が伝わったともいわれる。原料は大麦麦芽のほか、未発芽の大麦、ライ麦、小麦などを加えられ、穀物風味の強い味わいになる。また、3回蒸溜することで、雑味が少なく、マイルドなウイスキーになるのも特徴だ。

　アメリカで大変人気があったこともあり1900年頃に約3800万Lと生産量のピークを迎えるも、アイルランドの独立戦争、アメリカの禁酒法の影響などで衰退。スコッチ、特にブレンデッドウイスキーに市場を奪われ、次々に蒸溜所が閉鎖されるも、1970年頃から経済が安定したこともあり、1972年に残っていた蒸溜所が国境を超えて合併し、「アイリッシュ・ディスティラーズ・グループ」を成立。近年はクラフト蒸溜所ブームが起き、50近い蒸溜所が存在している。

クラフトウイスキーが増加している

近年アイルランドでも、クラフトウイスキーブームが起こっており、かつては2カ所しかなかった蒸溜所が現在は50近い数が存在する。

北アイルランド

1919年の独立戦争、1921年の休戦協定によりイギリス連邦の下32州中26州がアイルランド共和国となる。残り6州は北アイルランドとして英国に残った。

1章 世界のウイスキー

アイリッシュウイスキーの定義（法律）

① 原料は穀物。
② 糖化は大麦麦芽に含まれる酵素（ジアスターゼ）、またはそれに加えて天然由来の酵素による。
③ 発酵は酵母の働きによる。
④ 蒸溜はアルコール度数94.8％以下。
⑤ 熟成は容量700L以下の木製樽で、アイルランドまたは北アイルランドの倉庫で3年以上。

アイリッシュウイスキー 4つの分類

ポットスチルウイスキー

大麦麦芽に、未発芽の大麦やオート麦などを混ぜて原料にし、単式蒸溜器（ポットスチル）で3回蒸溜したウイスキー。大麦麦芽以外の穀物は殻が硬いため、石臼を使って粉砕していたのが特徴。2014年に法改正が行われ、大麦麦芽30％以上（ノンピート麦芽のみ）、大麦30％以上、その他の穀物は合計5％以下と定義された。

モルトウイスキー

大麦麦芽のみを原料にしたウイスキーで、2回および3回の蒸溜を行う。

グレーンウイスキー

トウモロコシなどを主原料にし、連続式蒸溜機で蒸溜する。

ブレンデッドウイスキー

複数のモルト原酒とグレーン原酒をブレンドしたもの。ただし、ラベル表記はないが、ポットスチルウイスキーとグレーン原酒を混ぜたブレンデッドウイスキーもある。

Chapter3
アメリカ合衆国

ウッドフォードリザーブ蒸溜所

Data
面積　約9,833,517km²
人口　約3億3650万人
住民　ヨーロッパ系／アフリカ系／ヒスパニック・ラテン系など
公用語　英語・スペイン語
主要都市　ニューヨーク／ロサンゼルス／ワシントンDCなど

　アメリカンウイスキーの総生産量の多くを占めるのがトウモロコシを主原料とするバーボンウイスキーだ。バーボンウイスキーはケンタッキー州が発祥の地。スコットランドからの移民の子孫である牧師エライジャ・クレイグが1789年に主要作物のトウモロコシでウイスキーを造ったのが始まりとされ、その後政府の課税を逃れて東部から移住してきた蒸溜業者がそれにならった。

　また、ケンタッキーの南・テネシー州のテネシーウイスキーは、最後にサトウカエデの木炭でろ過するのが特徴だ。

　穀物が豊かに実るアメリカでは、トウモロコシ以外にも大麦、小麦、ライ麦などさまざまな材料でウイスキーが造られる。原料の割合によって、ウイスキーの分類は細かく定められている。

　アメリカでは1920年から禁酒法が実施され、蒸溜所の閉鎖が相次いだ。禁酒法が撤廃したのは1933年だが、アメリカンウイスキーが復興したのは1950年代に入ってからで、バーボンをはじめとするアメリカンウイスキーは世界で広く飲まれるようになった。現在はクラフトウイスキーブームで2000を超える蒸溜所があるという。

アメリカンウイスキーはバーボン以外もある

大麦麦芽を原料とするモルトウイスキー、ライ麦を原料とするライウイスキーやトウモロコシが原料のコーンウイスキーなどがある。

Whisk(e)y

ウイスキーの英語表記には、「Whiskey」と「Whisky」の2種類がある。アメリカ、アイルランドでは両方使われている。スコットランド、日本は後者の表記を使う。

1章 世界のウイスキー

アメリカンウイスキーの定義

1. **原料が穀物であること**（トウモロコシ、小麦、大麦、ライ麦など）。
2. **蒸溜時の度数は190プルーフ**（アルコール度数95%）。
3. **熟成はオーク類**（コーンウイスキーは必要なし）。
4. **80プルーフ**（アルコール度数40%以上で瓶詰め）。

アメリカンウイスキー
7つの分類

バーボンウイスキー	原料に51%以上のトウモロコシを使い、内側を焦がした新しい樽で熟成させたもの。2年以上熟成させるとストレートバーボンウイスキーになる。
ライウイスキー	原料に51%以上のライ麦を使い、内側を焦がした新しい樽で熟成させたもの。2年以上熟成させるとストレートライウイスキーになる。
ホイートウイスキー	原料に51%以下の小麦を使い、内側を焦がした新しい樽で熟成させたもの。2年以上熟成させるとストレートホイートウイスキーになる。
モルトウイスキー（シングルモルトウイスキー）	原料に51%以上の大麦麦芽を使い、内側を焦がした新しい樽で熟成させたもの。2年以上熟成させるとストレートモルトウイスキー、原料に100%大麦麦芽を使うとシングルモルトウイスキーになる。
ライモルトウイスキー（シングルライモルトウイスキー）	原料に51%以上のライ麦麦芽を使い、内側を焦がした新しい樽で熟成させたもの。2年以上熟成させるとストレートライモルトウイスキー、原料に100%大麦麦芽を使うとシングルライモルトウイスキーになる。
コーンウイスキー	原料に80%以上のトウモロコシを使ったもの。古樽または内側を焦がしていない樽で2年以上熟成させるとストレートコーンウイスキーになる。
ブレンデッドウイスキー	上記のストレートウイスキーに、それ以外のウイスキーかスピリッツをブレンドしたもの。ストレートウイスキーは20%以上含んでいなければいけない。

35

バーボンウイスキーの製造の特徴

原料の構成比率＝マッシュビル

バーボンの原料はトウモロコシ、ライ麦、小麦、大麦麦芽などの穀物と水と酵母だ。バーボンの場合は、トウモロコシを51％以上使うことが法律で定められているが、トウモロコシを含めてどの原料がどのような比率で含まれているのか、その混合比率のことを「マッシュビル」という。たとえば、トウモロコシが多ければ甘くまろやかな味になり、ライ麦が多ければスパイシーでオイリーな味になる。マッシュビルを見れば、ある程度味わいを予想できるのだ。

サワーマッシュ方式

バーボンを造る際、穀物に水を加えてトロトロになった状態のものを「マッシュ」という。糖化させる際に、少量の酵母と前回の蒸溜の際に生じた蒸溜残液の上澄みを全体の30％程度加える製法を「サワーマッシュ方式」という。発酵がゆっくり進行するため、製品の香味が増す効果がある。バーボンの多数はこの方法で造られる。

熟成は新樽で内側を焦がす

スコッチとの大きな違いは、熟成に新樽しか使えないことだ。容量は180～200Lが基本。樽の材質はほぼすべてがアメリカンホワイトオークで、内側を焦がしたものを使う。この焦がした樽で熟成することで、バーボン独特の色や香ばしさ、バニラのような甘い香りを楽しむことができる。

知っておきたいアメリカのウイスキーの話

アメリカのウイスキーといえば、バーボンウイスキーばかりイメージしてしまうが、他にもさまざまなタイプのウイスキーがある。日本でもよく見るウイスキーや、最近話題のウイスキーについて紹介する。

テネシーウイスキー

テネシー州は、ケンタッキー州と並んでアメリカの二大ウイスキー産地と呼ばれている。テネシー州で造られる「テネシーウイスキー」は、バーボンの中の1種なので、基本的な製造方法はバーボンと同じだが、蒸溜直後にサトウカエデの炭で時間をかけてろ過する「チャコールメローイング製法」を行なっていることがバーボンとの違いで、最大の特徴。この工程には10日ほどかかり、まろやかで独特な味わいが生まれる。ちなみにテネシーウイスキーで最も有名な「ジャックダニエル」があるムーア郡は禁酒郡（ドライ・カウンティ）のひとつでお酒の販売が禁止されている。ただし例外として蒸溜所の売店での観光客むけの少量販売は認められている。

フレーバードウイスキー

バーボンウイスキーに味や香りをつけたものもたくさん発売されている。「フレーバード」とは、味や香りをつけた、という意味。ハチミツやスパイス、フルーツなどを加えて甘く飲みやすく仕上げている。アルコール度数を低くした商品も多い。ストレートで飲むよりも炭酸やジュースで割って飲むスタイルが一般的。

アメリカンブレンデッドウイスキー

バーボン、ライ、コーンなどのストレートウイスキーにそれ以外のウイスキーやスピリッツをブレンドしたもの。スコッチのブレンデッドウイスキーとは定義が異なっている。日本ではほとんど見かけなかったカテゴリーだが、最近では2022年に「アーリー・タイムズ」から既存のストレートバーボンウイスキーに加え、新たにアメリカンブレンデッドウイスキーが発売された。

アメリカンシングルモルト

アメリカでは51％以上大麦麦芽を使うと「モルトウイスキー」となる。（スコットランドでは100％）また、アメリカの「シングルモルト」は、原料に100％大麦麦芽を使い内側を焦がした新樽で熟成させたものを指す。ただし商品として発売されているものの中には、スコッチのシングルモルト同様に1カ所の蒸溜所のみの場合もあるので、商品ごとにラベルや情報をチェックしてみよう。

Chapter4

カナダ

ロッキー山脈の東側に位置する
アルバータ州

Data
面積　約9,985,000km²
人口　約4,010万人
住民　イギリス系/フランス系/その他ヨーロッパ系など
公用語　英語/フランス語
主要都市　オタワ/トロント/モントリオールなど

　カナダのウイスキーといえば、スコッチウイスキーなどと比べて最もライトな味わいが特徴。味わいの核はライ麦を主原料にした風味の強い「フレーバリングウイスキー」で、そこにトウモロコシが主原料のマイルドでクセのない「ベースウイスキー」をブレンドし、ライトに仕上げている。カナディアンウイスキーのほとんどは、このブレンデッドウイスキーである。

　カナダでウイスキー造りが本格化したのは、アメリカ独立戦争後だ。独立を嫌った一部の英国系農民がカナダに移住し、ライ麦や小麦などの栽培を始めたことがきっかけで、ウイスキーを生産するようになった。クローズアップされたのは、アメリカの禁酒法時代で、「アメリカのウイスキー庫」として大量にアメリカに輸出され、急激に市場を拡大した。禁酒法が撤廃された後もアメリカ市場に広く浸透し、5大生産地のひとつとして知られるようになった。

　「カナディアンクラブ」で知られるハイラム・ウォーカー蒸溜所のあるオンタリオ州は、ウイスキー造りの中心産地として知られる。

アメリカとの関係

アメリカの禁酒法時代にアメリカ市場と密接に結びついたカナダだが、現在もカナディアンウイスキーの生産量の7割はアメリカで消費される。

1章 世界のウイスキー

カナディアンウイスキーの定義（法律）

❶ 原料は穀物由来。そのもろみを大麦麦芽、
またはその他の酵素（ジアスターゼ）により糖化し、
酵母または酵母とその他微生物の混合物により
発酵させたもの。

❷ 熟成は700L以下の木製の容器で3年以上。
また、6カ月を超えない範囲で別の容器での
熟成も認められている。

❸ 糖化、蒸溜、熟成はカナダで行う。

❹ 瓶詰め時のアルコール度数は40％以上。

❺ カラメルによる着色、香味を添加する
フレーバリングが認められている。

カナディアンウイスキー
3つの分類

フレーバリング ウイスキー	ライ麦やライ麦麦芽、大麦麦芽などを原料に、連続式蒸溜機で蒸溜するスパイシーなウイスキー。51％以上ライ麦を使うとカナディアンライウイスキーとなる。
ベースウイスキー	トウモロコシなどを原料に、連続式蒸溜機で蒸溜する、クセの少ないウイスキー。熟成は3年以上行う。
カナディアンウイスキー	フレーバリングウイスキーとベースウイスキーをブレンドしたもの。バーボンウイスキーやフルーツブランデー、酒精強化ワインなどが添加されることもある。

Chapter5

日本

山崎蒸溜所

Data
面積　約378,000km²
人口　約1億2,394万人
住民　日本人など
公用語　日本語
主要都市　東京／大阪／京都など

　日本のウイスキーの歴史は他の国に比べて浅い。本格的なウイスキー蒸溜所が創設されたのは1923年で、サントリーの前身である寿屋の創業者、鳥井信治郎が山崎の地に建てたのが始まりだ。現在も操業を続ける山崎蒸溜所を建設するにあたって、鳥井が初代工場長として招いたのがスコットランドでウイスキー造りの技術を学んできた竹鶴政孝で、彼はのちに現在のニッカウヰスキーを創業する。

　こうして、日本のウイスキーはスコッチを目標として、スコットランドの方式で造られるようになった。造られる種類もモルトウイスキーとグレーンウイスキー、両者を合わせたブレンデッドウイスキーでスコッチと同様。製法もほぼ同様だが、日本では他社の蒸溜所の原酒を使う習慣はないため、各蒸溜所が多様な原酒を造り分けている。

　なお、日本のウイスキーは、他の生産国と比べて定義が非常に曖昧だった。そのため、海外から輸入したウイスキーを日本で瓶詰めしただけでも「ジャパニーズウイスキー」としていた。そのため、日本洋酒酒造組合によって「ジャパニーズウイスキーの定義（自主基準）」が定められた（42ページ参照）。

クラフトウイスキー花盛り

かつては消費量が落ち込んだが、現在日本はクラフトウイスキーブーム。ここ10年は全国に次々と蒸溜所が誕生し、130カ所以上の蒸溜所がある。

1章 世界のウイスキー

日本のウイスキーの法律（酒税法3条15号）

イ 発芽させた穀類及び水を原料として糖化させて、
発酵させたアルコール含有物を蒸溜したもの

ロ 発芽させた穀類及び水によって穀類を糖化させて、
発酵させたアルコール含有物を蒸溜したもの

ハ イ又はロに掲げる酒類にアルコール、スピリッツ、
香味料、色素又は水を加えたもの
（イ又はロに掲げる酒類のアルコール分の総量がアルコール、
スピリッツ又は香味料を加えた後の酒類のアルコール分の総量の
百分の十以上のものに限る）。

日本のウイスキー3つの分類

モルトウイスキー
大麦麦芽のみを原料に使用し、単式蒸溜器で2回蒸溜する。さまざまなタイプの蒸溜器を駆使していろいろな原酒を造り出している。

グレーンウイスキー
トウモロコシや小麦、大麦麦芽などの穀類を原料にし、連続式蒸溜機で蒸溜する。

ブレンデッドウイスキー
モルトウイスキーとグレーンウイスキーを混ぜたもの。

日本のウイスキー定義の課題

日本でのウイスキーの定義（酒税法）は、各国に比べると、大きな違いがある。一番大きな違いは、日本ではスコッチウイスキーでいうところの「モルトウイスキーまたはグレーンウイスキー」を10%以上混和したものがウイスキーの定義となっている点だ。つまりウイスキーが10%入っていれば、後はスピリッツなどであっても「ウイスキー」と名のることができるのだ。日本のウイスキーが昨今のブームに終わらず、世界のウイスキーとして認められるために明確に法定義されるのはとても重要だろう。そうしたこともあってか、2021年に日本洋酒酒造組合による自主基準（42ページ参照）が誕生した。これは大きな一歩だった。

日本洋酒酒造組合による
ジャパニーズウイスキーの定義（自主基準）

日本洋酒酒造組合によって2021年に定められた自主基準。
あくまで自主基準で組合の内規であるため、罰則などはない。

原材料		原材料は、麦芽、穀類、日本国内で採水された水に限ること。なお、麦芽は必ず使用しなければならない。
製法	製造	糖化、発酵、蒸溜は、日本国内の蒸溜所で行うこと。なお、蒸溜の際の留出時のアルコール分は95％未満とする。
	貯蔵	内容量700L以下の木製樽に詰め、当該詰めた日の翌日から起算して3年以上日本国内において貯蔵すること。
	瓶詰	日本国内において容器詰めし、充填時のアルコール分は40％以上であること。
	その他	色調の微調整のためのカラメルの使用を認める。

上記の基準に該当しないウイスキーは、以下のようなラベルをつけてはいけない

①日本を想起させる人名
②日本国内の都市名、地域名、名勝地名、山岳名、河川名などの地名
③日本国の国旗及び元号
④上記に定める製法品質の要件に該当するかのように誤認させるおそれのある表示

■ 海外原酒＝ダメというわけではない！

上記定義は海外原酒を輸入して日本で瓶詰めしただけで「ジャパニーズウイスキー」と名のれる現状を改善するために定められた。だからといって海外原酒＝悪ではない。日本の巧みなブレンド技術で繊細でおいしいウイスキーに仕上げている蒸溜所やメーカーはたくさんあるのだ。

1章 世界のウイスキー

ジャパニーズウイスキーの例

サントリー

シングルモルトウイスキー「山崎」「白州」、シングルグレーンウイスキー「知多」、ブレンデッドウイスキー「響」「サントリーオールド」、「角瓶」など。

ニッカウイスキー

「竹鶴ピュアモルト」、シングルモルト「余市」「宮城峡」、「ニッカカフェグレーン」など。

キリンビール

キリンディスティラリー富士御殿場の「キリンシングルグレーンウイスキー富士」など。

その他クラフトウイスキー

各社こだわりのシングルモルトウイスキーなどがリリースされている。

Chapter6
インド

アムルット蒸溜所のある
ベンガルール

Data
面積　約3,287,469km²
人口　約14億1,717万人
住民　インド・アーリヤ族、ドラビダ族、モンゴロイド族など
公用語　ヒンディー語
主要都市　ニューデリー／ムンバイ／コルカタなど

　世界のウイスキー販売数量ランキングで、1位〜4位、9位、10位とランキングを獲得したインディアンウイスキー（31ページ参照）。消費量でも1位のインドだが、インドで生産、消費されているウイスキーのほとんどは、モラセスというサトウキビから砂糖を生成する際に出る副産物を原料にした安価なものだ。モラセスに水と酵母を加え、アルコール発酵後蒸溜し、色と味と香りをつけて造る。モラセスは穀物ではないので、国際基準ではウイスキーとはいえず、スピリッツ扱いとなる。EUでも「穀物を原料とする蒸溜酒を木樽で熟成させたもの」と定義しているため、ウイスキーとして販売できない。

　だが、近年はスコッチなどと同様の、モルトを使用したモルトウイスキー造りも本格化。アムルット蒸溜所は2004年にインド初のシングルモルトウイスキーをリリースし、国際的に高い評価を得た。ウイスキーは寒冷地で造られるイメージがあるが、インドの熱帯性気候では熟成が早く進み、独特の新しい味わいを生み出すことができる。モラセス原料のウイスキーだけでなく、本格ウイスキーにも注目の国だ。

世界で一番売れている

世界ウイスキー販売数量で1〜4位を独占するなど、世界トップクラスの製造量を誇るインド。消費量もアメリカの3〜4倍といわれる。

熟成が早い

インドは熱帯性気候のため、熟成が早く進む。4年程度で熟成のピークを迎えるといわれている。

Chapter7

台湾

カバラン蒸溜所

Data
面積　約3,6000km²
人口　約2342万人
住民　漢民族など
公用語　中国語・台湾語・客家語など
主要都市　台北／台中／高雄など

　台湾では2002年にWTO（世界貿易機関）に加盟し、政府専売だった酒類事業が民間に解放されたことで、ウイスキー造りが始まった。

　冷涼地が適しているといわれるウイスキー造りだが、台湾は亜熱帯気候。気温が高いため、熟成速度はスコットランドのほぼ3倍といわれる。

　台湾で最初にウイスキー蒸溜所を設立し、数々のコンペで受賞歴のあるカバラン蒸溜所では、世界中多くの蒸溜所でウイスキー造りを指導していた先駆者、故ジム・スワン博士をコンサルタントとして迎え、独自のウイスキー造りを開発した。熟成期間が短いことを活かして熟成樽を変え、製品にバリエーションを出すなどして、台湾産ウイスキーを生み出している。

カバラン
2005年に蒸溜所を設立、2008年に最初のシングルモルトウイスキーを発売。国際的なコンペで多くの賞を獲得している。

オマー
南投蒸溜所で造られているウイスキー。2013年に初のシングルモルトウイスキーを発売。

■ 中国や韓国でもウイスキーが造られる

　中国ではペルノ・リカールがモルトウイスキー蒸溜所「峨眉山蒸溜所」を四川省峨眉山市に建設。これは中国初のウイスキー蒸溜所となった。韓国では南楊州に初のシングルモルト蒸溜所「スリーソサエティーズ蒸溜所」が設立された。台湾だけでなく、アジアのウイスキー造りに注目が集まる。

Chapter8

フィンランドにあるキュロ蒸溜所

ヨーロッパなど 他の国のウイスキー

イングランドやウェールズ、ドイツ、フランスやイタリア、
フィンランドなど……ウイスキー生産国は世界各国で増えている。

　スコットランド、アイルランド、アメリカ、カナダ、日本は「ウイスキー5大生産地」といわれ、ウイスキーの中心的な生産地として知られているが、今やウイスキーは世界各国で造られている。

　たとえば、スコットランド以外のイギリスを構成するイングランドやウェールズでも、ウイスキーは造られている。イングランドでは100年ぶりに設立されたレイクス蒸溜所が、ウェールズでは唯一あるペンダーリン蒸溜所がそれぞれ新進気鋭の蒸溜所として注目を浴びている。

　その他のヨーロッパ諸国は、ウイスキー消費量世界3位のフランスでは近年ウイスキー造りが盛んに行われており、30を超える蒸溜所が稼働している。ほかにも、イタリアやフィンランド、スウェーデンなどでも個性あふれるウイスキーが造られている。

　その他の地域では、オーストラリア、ニュージーランド、南アフリカやイスラエルのウイスキーも注目だ。知名度はそこまで高くないが、国際的なコンペで受賞するなどクオリティの高さが期待されている。旅行気分でさまざまな国のウイスキーを飲むのもよいだろう。

イングランド

スコットランドの隣ながら、ウイスキー造りは長く途絶えていた。が、現在はレイクス蒸溜所などが稼働し、イングリッシュウイスキーを造る。

フランス

ワインやブランデーのイメージが強いが、近年はウイスキー造りが盛ん。ただ生産量は少なく、ほとんどは国内で消費されている。

イスラエル

イスラエル初のウイスキー蒸溜所「THE M&H」が注目。地中海性気候と海沿いの環境で急速に熟成が進み、優雅でバランスのよい味わいに。

2章 ウイスキーの蒸溜所

※蒸溜所のデータには①会社名②創立年③発酵槽の素材④蒸溜器の数、形を掲載しています。基本的に蒸溜器の数、形は単式蒸溜器のみ記載しており、ビアスチル、ダブラーなどは連続式蒸溜機と記載しています。

SCOTLAND
スコットランド
ハイランド

■1 グレンモーレンジィ蒸溜所
1920年代からシングルモルトを発売している

スコットランドのウイスキー産地は、東のダンディーと西のグリーノックを結ぶ境界線の北側をハイランド、南側をローランドと分類している。

北ハイランドにある**グレンモーレンジィ蒸溜所**は、スコットランド人が愛飲するモルトの代名詞的存在。ポットスチルの首部分はスコットランドで一番長く、生産したモルトウイスキーは基本的にすべてシングルモルトとして発売している。同じく北ハイランドを代表する**クライヌリッシュ蒸溜所**のモルトはジョニーウォーカーの主要原酒のひとつ。また、英国王室御用達の**ロイヤル・ブラックラ蒸溜所**は伝統的な製法を今日まで守り続け、シェリー樽でフィニッシュするのが特徴だ。最北の町には2012年に完成した**ウルフバーン蒸溜所**がある。新進気鋭の蒸溜所だが、昔ながらの手作業にこだわっている。西には最も古い歴史を持つ蒸溜所のひとつ、**オーバン蒸溜所**がある。ハイランドモルトとアイランズモルト両方の個性を併せ持つスタイルが特徴だ。

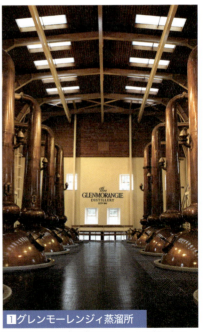

■1 グレンモーレンジィ蒸溜所
首が長いため純度の高いアルコールを得られる

2章 ウイスキーの蒸溜所

②ウルフバーン蒸溜所
ウルフバーン蒸溜所はスコットランド最北の町にある

③クライヌリッシュ蒸溜所
ジョニーウォーカーの原酒として知られる

③クライヌリッシュ蒸溜所
北ハイランドのリゾート地ブローラにある

④オーバン蒸溜所
オーバン蒸溜所は西ハイランドの港町にある

⑤ロイヤル・ブラックラ蒸溜所
現在バカルディ社の傘下にある

DATA

①グレンモーレンジィ蒸溜所
①ザ・グレンモーレンジィ・カンパニー
②1843年
③ステンレス
④12基+2基（ライトハウス）、バルジ型

②ウルフバーン蒸溜所
①オーロラブリューイング
②2013年（製造開始）
③ステンレス
④2基、ストレート型・バルジ型

③クライヌリッシュ蒸溜所
①ディアジオ　②1819年
③オレゴンパイン・ステンレス
④6基、ランタン型

④オーバン蒸溜所
①ディアジオ　②1794年
③オレゴンパイン　④2基

⑤ロイヤル・ブラックラ蒸溜所
①ジョン・デュワー&サンズ社
②1812年
③シベリアンラーチ・ステンレス
④4基、背の高いストレート型

⑤ロイヤル・ブラックラ蒸溜所
年間生産能力は410万リットル

49　　①会社名　②創立年
　　　③発酵槽の素材　④蒸溜器の数、形

SCOTLAND
スコットランド

ハイランド

スペイサイドに近いハイランド東部にある**グレンドロナック蒸溜所**。1826年に創業し、約200年の歴史を持つ。「シェリー樽熟成」として知られ、深い色とコクのあるエレガントな味わいが人気。2024年にパッケージをリニューアルした。**ロイヤルロッホナガー蒸溜所**はその名のとおり、英国王室御用達。「ジョニーウォーカーブルーラベル」など数多くのブレンドに使用される。**バルブレア蒸溜所**は1790年設立の老舗蒸溜所。かつてはバランタインの主要原酒として流通していた。**ザ・グレンタレット蒸溜所**は現在稼働する中でスコットランド最古の蒸溜所で、ウイスキー造りの歴史は古い。**プルトニー蒸溜所**はスコットランド北部の漁港の町ウィックにあり「海のモルト」として知られる。力強い酒質と、爽やかな潮の香りが特徴的。

■1 グレンドロナック蒸溜所

グレンドロナックはゲール語で「ブラックベリーの谷」

■1 グレンドロナック蒸溜所

スペイン産オークのシェリー樽のみで熟成

■2 ロイヤルロッホナガー蒸溜所

ロッホナガー山麓から湧き出る水を使う

2章 ウイスキーの蒸溜所

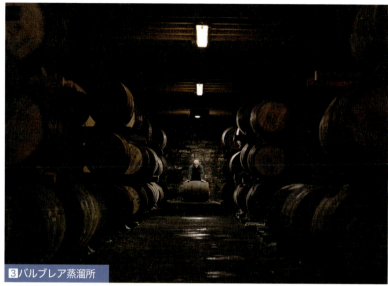

③バルブレア蒸溜所
すべて手作業でウイスキー造りを行う

④ザ・グレンタレット蒸溜所
ウイスキーキャット「タウザー」が有名

⑤プルトニー蒸溜所
バランタインの主要モルトとして使われる

DATA

①グレンドロナック蒸溜所
①ブラウンフォーマン
②1826年
③木桶　④4基

②ロイヤルロッホナガー蒸溜所
①ディアジオ　②1845年
③オレゴンパイン
④3基

③バルブレア蒸溜所
①タイ・ビバレッジ社
②1790年
③オレゴンパイン
④2基、ストレート型

④ザ・グレンタレット蒸溜所
①ラリックグループ
②1963年
③ダグラスファー
④2基、バルジ型

⑤プルトニー蒸溜所
①タイ・ビバレッジ社
②1826年　③ステンレス
④2基、バルジ型

①会社名　②創立年
③発酵槽の素材　④蒸溜器の数、形

SCOTLAND
スコットランド
スペイサイド

スペイ川流域のスペイサイドには、50以上もの蒸溜所が集中する。スコッチウイスキーの中で最も華やかな香りが特徴で、シングルモルトブームの火付け役となった地域である。

ザ・グレンフィディック蒸溜所は1963年世界で初めてシングルモルトを売り出し、「シングルモルトのパイオニア」として知られる。年間生産量2100万Lとスコットランド最大の生産量を誇る。ザ・グレンフィディック蒸溜所の姉妹蒸溜所のひとつはザ・バルヴェニー蒸溜所。同じ原料だが、水源や製造方法が異なるため、全く違うモルトウイスキーが生まれる。日本でのスコッチウイスキー輸入量No.1銘柄といえば、ザ・マッカラン蒸溜所。樽にこだわりがあり、自社で専用のシェリー樽を作る。ほかにも、カーデュ蒸溜所、クラガンモア蒸溜所、グレンアラヒー蒸溜所などの蒸溜所がある。スペイサイドの中心地といわれるダフタウン地域には、ダフタウン蒸溜所、モートラック蒸溜所がある。

① ザ・グレンフィディック蒸溜所
キルンはザ・グレンフィディック蒸溜所の目印

① ザ・グレンフィディック蒸溜所
熟成に使う樽の種類はさまざま

② ザ・マッカラン蒸溜所
ザ・マッカランエステートにあるイースターエルキーハウス

2章 ウイスキーの蒸溜所

③ダフタウン蒸溜所
ダフタウン地区には7つの蒸溜所がある

⑤カーデュ蒸溜所
ジョニーウォーカーの重要な原酒として有名

④グレンアラヒー蒸溜所
アベラワーの町の郊外に設立された

⑥ザ・バルヴェニー蒸溜所
グレンフィディックと同じ原料を使う

⑦モートラック蒸溜所
創業はダフタウンのある蒸溜所で最も古い

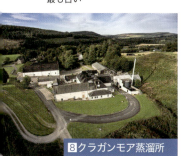
⑧クラガンモア蒸溜所
「スペイサイドの至宝」という呼び名もある

DATA

①ザ・グレンフィディック蒸溜所
①ウィリアム・グラント＆サンズ社
②1887年
③ダグラスファー
④31基、ストレート型・ランタン型・バルジ型

②ザ・マッカラン蒸溜所
①エドリントングループ
②1824年
③ステンレス
④36基、ストレート型

③ダフタウン蒸溜所
①ディアジオ
②1895年
③オレゴンパイン
④6基

④グレンアラヒー蒸溜所
①ザ・グレンアラヒーディスティラーズ社
②1967年　③ステンレス
④4基、ランタン型・ストレート型

⑤カーデュ蒸溜所
①ディアジオ
②1811年
③オレゴンパイン
④4基

⑥ザ・バルヴェニー蒸溜所
①ウィリアム・グラント＆サンズ社
②1892年
③オレゴンパイン・ステンレス
④11基

⑦モートラック蒸溜所
①ディアジオ
②1823年
③オレゴンパイン
④6基

⑧クラガンモア蒸溜所
①ディアジオ
②1891年
③ステンレススチール
④6基

①会社名　②創立年
③発酵槽の素材　④蒸溜器の数、形

SCOTLAND
スコットランド

スペイサイド

　政府公認第一号蒸溜所として認可されたのは**ザ・グレンリベット蒸溜所**。当時評判にあやかって多くの蒸溜所が自社商品に「グレンリベット」と名付ける事態が横行した。そのためグレンリベットと名乗れるのは「ザ・グレンリベット蒸溜所だけ」と定められた。**ベンリアック蒸溜所**は、異なる原酒や多様なカスクを使った複層的な風味を持っているのが特徴。**ベンロマック蒸溜所**もミディアムピートのモルトを使用し、ほのかなスモーキーさがある。反対にノンピート麦芽で仕込んでいるのは、**グレンファークラス蒸溜所**。今では珍しいガスバーナーによる直火焚きで加熱している。他にも、シングルモルトがフランスで特に人気の高い**アベラワー蒸溜所**や、バランタインのキーモルトとしても有名な**ミルトンダフ蒸溜所**もある。

1 ザ・グレンリベット蒸溜所
グレンリベットはゲール語で「静かなる谷」という意味

1 ザ・グレンリベット蒸溜所
シェリー樽よりバーボン樽の比率が高い

2 ベンリアック蒸溜所
ポットスチルは細身のストレートヘッド型

2章 ウイスキーの蒸溜所

③ベンロマック蒸溜所
ゴードン&マクファイル社が5年かけて改造した

④グレンファークラス蒸溜所
現在も家族経営を続ける数少ない蒸溜所

③ベンロマック蒸溜所
ミディアムピートのモルトを使用している

④グレンファークラス蒸溜所
ガスバーナーによる直火蒸溜が特徴

⑤アベラワー蒸溜所
ベンリネス山を源とするラワー川沿いにある

⑥ミルトンダフ蒸溜所
バランタインの重要なモルトとして知られる

DATA

①ザ・グレンリベット蒸溜所
①シーバスリーガル社
②1824年　③オレゴンパイン
④8基

②ベンリアック蒸溜所
①ブラウンフォーマン　②1898年
③ステンレス　④4基

③ベンロマック蒸溜所
①ゴードン&マクファイル社
②1898年
③カラマツ　④2基

④グレンファークラス蒸溜所
①J&Gグラント社　②1836年
③ステンレス　④6基、バルジ型

⑤アベラワー蒸溜所
①シーバスリーガル社
②1879年　③ステンレス
④4基、オニオン型

⑥ミルトンダフ蒸溜所
①ペルノ・リカール社
②1824年　③ステンレス
④6基、ストレート型

①会社名　②創立年
③発酵槽の素材　④蒸溜器の数、形

SCOTLAND
スコットランド
ローランド

ハイランドとの境界線の南側の地域。基本的に3回蒸溜を行うのが特徴で、スコッチウイスキーの中で最も軽快なフレーバーを持つ。

オーヘントッシャン蒸溜所は、ローランド地方伝統の3回蒸溜を今でも守り続けている。ともに、ローランドを代表する蒸溜所が**グレンキンチー蒸溜所**。**ロッホローモンド蒸溜所**はローランドとハイランドの中間に位置し、自社敷地内に連続式蒸溜機と樽工場を保有している。

❶オーヘントッシャン蒸溜所
クライド湾を見下ろす斜面上にある

❷グレンキンチー蒸溜所
35ヘクタールの農地を所有している

❸ロッホローモンド蒸溜所
蒸溜所の歴史は1814年にまでさかのぼる

DATA
❶オーヘントッシャン蒸溜所
①サントリーグローバルスピリッツ
②1820年頃
③オレゴンパイン
④3基、ランタン型
❷グレンキンチー蒸溜所
①ディアジオ
②1837年　③ステンレス
④3基
❸ロッホローモンド蒸溜所
①ロッホローモンドグループ
②1966年　③ステンレス
④10基、ストレート型・ローモンド型

①会社名　②創立年
③発酵槽の素材　④蒸溜器の数、形

2章 ウイスキーの蒸溜所

SCOTLAND
スコットランド
キャンベルタウン／
アイランズ

■1 スプリングバンク蒸溜所
3基の蒸溜器で3種のシングルモルトを造る

　キャンベルタウンはハイランド西にあるキンタイア半島の先端にある町。最盛期には34の蒸溜所がウイスキー造りを行っていたが、現在はスプリングバンク蒸溜所、グレンスコシア蒸溜所など3つの蒸溜所のみが稼働している。

　アイランズ（諸島）はスコットランドの北岸から西岸の沖に位置する島々の呼び名。アイルオブラッセイ蒸溜所、ラグ蒸溜所など島それぞれに蒸溜所がある。

■2 グレンスコシア蒸溜所
年間生産能力は80万リットル

■3 アイルオブラッセイ蒸溜所
ラッセイ島で稼働する
唯一の蒸溜所

■4 ラグ蒸溜所
アラン島で2番目に設立された蒸溜所

DATA
■1 スプリングバンク蒸溜所
①J.&A. ミッチェル社
②1828年　③カラマツ
④3基、ストレート型
■2 グレンスコシア蒸溜所
①ロッホローモンドグループ　②1828年
③金属　④2基、ストレート型
■3 アイルオブラッセイ蒸溜所
①R&Bディスティラーズ
②2017年　③ステンレス
④2基、ランタン型・ストレート型
■4 ラグ蒸溜所
①アイル・オブ・アラン・
ディスティラーズ社
②2019年　③ダグラスファー
④2基、ストレート型・ランタン型

①会社名　②創立年
③発酵槽の素材　④蒸溜器の数、形

SCOTLAND
スコットランド
アイラ

1 ボウモア蒸溜所

ボウモアはゲール語で「大いなる岩礁」を意味

スコットランド北西に連なるヘブリディーズ諸島の南端・アイラ島で造られるアイラモルト。すべてのモルトの中で最もスモーキーで、ピート香の強いヘビーなモルトだ。アイラ島のほとんどの蒸溜所は海辺にあり、それがアイラモルト特有の「潮の香り、ヨード香」の元となる。

ボウモア蒸溜所はアイラ島内最古の蒸溜所。島の中心部にあり、ヨード香やピート香も適度に抑えられているためアイラモルトの入門編として最適だ。ボウモア蒸溜所の対岸にある**ブルックラディ蒸溜所**も同じくライトな味わいが特徴。

一方で、非常にピート香の強くスモーキーなモルトを造り出すのは、**アードベッグ蒸溜所**だ。クセのある味わいは熱狂的なファンも多い。同じく強烈なヨード香を持ち、「アイラの王」と呼ばれる**ラフロイグ蒸溜所**のほか、**ラガヴーリン蒸溜所**、**キルホーマン蒸溜所**もアイラモルトらしいスモーキーな味わいを持つ。

1 ボウモア蒸溜所

計4器の蒸溜器で蒸気蒸溜を行う

2 アードベッグ蒸溜所

クセの強いウイスキーが好きな人におすすめ

2章 ウイスキーの蒸溜所

③ラガヴーリン蒸溜所

ラガヴーリンはゲール語で「水車小屋のある窪地」

③ラガヴーリン蒸溜所

くびれのないどっしりとした蒸溜器

④ブルックラディ蒸溜所

ブルックラディはゲール語で「海辺の丘の斜面」の意味

④ブルックラディ蒸溜所

テロワールにこだわったウイスキー造りを行う

⑤キルホーマン蒸溜所

年間約2万人もの観光客が訪れる

⑥ラフロイグ蒸溜所

ラフロイグはゲール語で「広い入江の美しい窪地」の意味

DATA

①ボウモア蒸溜所
①サントリーグローバルスピリッツ
②1779年　③オレゴンパイン
④4基、ストレート型

②アードベッグ蒸溜所
①ザ・グレンモーレンジィ・カンパニー
②1815年　③ダグラスファー
④4基、ランタン型

③ラガヴーリン蒸溜所
①ディアジオ　②1816年
③オレゴンパイン　④4基

④ブルックラディ蒸溜所
①レミーコアントロー社　②1881年
③オレゴンパイン　④4基

⑤キルホーマン蒸溜所
①キルホーマンディスティラリー社
②2005年　③ステンレス
④4基、バルジ型・ストレート型

⑥ラフロイグ蒸溜所
①サントリーグローバルスピリッツ
②1815年　③ステンレス
④7基、ストレート型・ランタン型

①会社名　②創立年
③発酵槽の素材　④蒸溜器の数、形

IRELAND
アイルランド

アイルランド島にはアイルランド共和国と英国領北アイルランドがあるが、アイルランド全域で造るウイスキーをアイリッシュウイスキーと呼ぶ。蒸溜技術が上陸したのはスコットランドより先といわれるほど、ウイスキー造りの歴史は古い。

中でも世界最古の許可蒸溜所は、北アイルランドにある**オールドブッシュミルズ蒸溜所**である。ノンピートの麦芽を使い、伝統的な3回蒸溜で造る。アイルランド共和国のコーク州にある**ミドルトン蒸溜所**は、世界最大の75000Lの蒸溜器が3基ある。総生産量もグレーンを合わせると7000万L近くになり、これはアイリッシュウイスキー全体の6割近くとなる。同じくアイルランド共和国には、アイリッシュウイスキーの復活をかけて操業を始めた**クーリー蒸溜所**がある。

ほかにも、究極のアイリッシュウイスキー造りを目指す**ディングル蒸溜所**や、アイリッシュウイスキー「バスカー」を生産する**ロイヤルオーク蒸溜所**がある。

❶ミドルトン蒸溜所
旧ミドルトン蒸溜所は現在ビジターセンターに

❷オールドブッシュミルズ蒸溜所
まろやかで飲みやすいウイスキーを造り出す

❷オールドブッシュミルズ蒸溜所
2022年には販売数が100万ケースに
出典：IWSR（※単位：1箱9L換算）

2章 ウイスキーの蒸溜所

1 ミドルトン蒸溜所
年間生産量は7000万リットル近くに

3 ロイヤルオーク蒸溜所
2016年に蒸溜所はオープン

3 ロイヤルオーク蒸溜所
伝統的な3回蒸溜

4 クーリー蒸溜所
クーリー半島に位置する蒸溜所

5 ディングル蒸溜所
もともと粉挽き場だった建物を改装した

DATA

1 ミドルトン蒸溜所
①アイリッシュ・ディスティラーズ
②1966年　③ステンレス
④3基、オニオン型

2 オールドブッシュミルズ蒸溜所
①プロキシモ・スピリッツ
②1608年　③ステンレス
④10基、スワンネックの細長い銅製

3 ロイヤルオーク蒸溜所
①イルヴァサローノ社
②2016年　③ステンレス
④7基、ストレート型・コラムスチル

4 クーリー蒸溜所
①サントリーグローバルスピリッツ
②1987年
③ステンレス
④2基

5 ディングル蒸溜所
①ディングル
②2012年
③オレゴンパイン
④3基、バルジ型・ストレート型

5 ディングル蒸溜所
ディングルの町に伝わる風習・レンボーイがモチーフ

①会社名　②創立年
③発酵槽の素材　④蒸溜器の数、形

AMERICA
アメリカ
ケンタッキー州

アメリカのウイスキー二大産地は、バーボンウイスキーの発祥地ケンタッキー州とケンタッキー州の南にあるテネシー州だが、近年はクラフト蒸溜所がどんどん設立され、その数は2000を超えるといわれている。

アメリカのウイスキーを代表するバーボンウイスキーの歴史そのものともいえるのは、ジムビーム蒸溜所だ。7代200年以上に渡ってバーボンを造り続け、1973年以来ケンタッキーバーボンの世界売上No.1を誇る。

酵母5種類を使い分けるフォアローゼズ蒸溜所、熟成樽の内側を強く焦がし、深い琥珀色とコクのある味わいを生み出すワイルドターキー蒸溜所、バーボンウイスキーに一般的に使われるトウモロコシではなく、冬小麦を使って繊細な甘さを造り出したメーカーズマーク蒸溜所など、各蒸溜所のこだわりが独自のバーボンウイスキーを生み出している。ほかにも、バッファロー・トレース蒸溜所、ウッドフォードリザーブ蒸溜所、ブレット蒸溜所などがある。

1 ジムビーム蒸溜所
120カ国で飲まれ、世界一売れているケンタッキーバーボン

2 バッファロー・トレース蒸溜所
1775年の創業より約250年が経つ

3 ウッドフォードリザーブ蒸溜所
単式蒸溜器で3回蒸溜する

2章 ウイスキーの蒸溜所

4 フォアローゼズ蒸溜所
特徴の異なる酵母5種類を使い分ける

4 フォアローゼズ蒸溜所
スペイン風の建物。現在はキリンの子会社

5 メーカーズマーク蒸溜所
蒸溜所はアメリカの国定史跡に登録されている

5 メーカーズマーク蒸溜所
トレードマークの赤い封蝋は手作業で行われる

6 ブレット蒸溜所
1830年から造られている歴史あるウイスキー

7 ワイルドターキー蒸溜所
シンボルの七面鳥の大きな看板が目立つ

DATA

1 ジムビーム蒸溜所
①サントリーグローバルスピリッツ
②1795年　③ステンレス　④連続式蒸溜機

2 バッファロー・トレース蒸溜所
①サゼラック社　②1775年
③非開示　④連続式蒸溜機

3 ウッドフォードリザーブ蒸溜所
①ブラウンフォーマン
②1812年　③イトスギ　④6基

4 フォアローゼズ蒸溜所
①キリンホールディングス株式会社
②1888年　③木・ステンレス　④連続式蒸溜機

5 メーカーズマーク蒸溜所
①サントリーグローバルスピリッツ
②1953年　③木・ステンレス
④連続式蒸溜機

6 ブレット蒸溜所
①ディアジオ　②1987年
③ステンレススチール　④連続式蒸溜機

7 ワイルドターキー蒸溜所
①カンパリグループ　②1869年
③ステンレス　④連続式蒸溜機

①会社名　②創立年
③発酵槽の素材　④蒸溜器の数、形

AMERICA/CANADA
アメリカ・カナダ
テネシー州
その他／カナダ

テネシーウイスキーと定義されるにはバーボンウイスキーの定義を満たした上で、テネシー州で蒸溜・貯蔵・ボトリングされることに加え、蒸溜直後にサトウカエデの木炭でろ過する製法で造ることが条件だ。最も有名なのは、ジャックダニエル蒸溜所で販売総数は年間1430万ケースだ。

また、アメリカではクラフトウイスキーブームで、全米各地にクラフト蒸溜所が建設され、その数は2000カ所を超えるといわれている。ニューヨーク市にはキングスカウンティ蒸溜所、シカゴのコーヴァル蒸溜所も今注目のクラフト蒸溜所だ。ペンシルベニア州にあるミクターズ蒸溜所はアメリカで最古の蒸溜所をルーツに、1753年からの長い歴史を持つ。

カナディアンウイスキーは5大ウイスキーの中で最も軽い味わいが魅力。日本でも知名度の高い「カナディアンクラブ」で有名なハイラム・ウォーカー蒸溜所がある。

1 ジャックダニエル蒸溜所
ムーア郡リンチバーグに蒸溜所はある

1 ジャックダニエル蒸溜所
アメリカ産ホワイトオークの樽で貯蔵

2 キングスカウンティ蒸溜所
ニューヨークで最も古い蒸溜所

2章 ウイスキーの蒸溜所

＊写真：Valery Rizzo

③ミクターズ蒸溜所

ミクターズのフォートネルソン蒸溜所

②キングスカウンティ蒸溜所

原料の80％をニューヨーク産でまかなう

④ミクターズ蒸溜所

こちらはミクターズ・シャイヴリー蒸溜所

⑤コーヴァル蒸溜所

禁酒法撤廃以降シカゴにはじめて設立された蒸溜所

DATA

①ジャックダニエル蒸溜所
①ブラウンフォーマン
②1866年　③ステンレス
④連続式蒸溜機

②キングスカウンティ蒸溜所
①キングスカウンティディスティラリー
②2010年　③オーク　④2基

③ミクターズ（フォートネルソン）蒸溜所
①ミクターズ社　②1753年
③木桶　④2基、ストレート

④ミクターズ（シャイヴリー）蒸溜所
①ミクターズ社
②1753年　③ステンレス
④連続式蒸溜機

⑤コーヴァル蒸溜所
①コーヴァル
②2008年　③ステンレス
④コラム付きポットスチル

カナダ

⑥ハイラム・ウォーカー蒸溜所
①サントリーグローバルスピリッツ
②1856年
④連続式蒸溜機×1、単式蒸溜器×1

カナダ
⑥ハイラム・ウォーカー蒸溜所

北米最大の面積を持つ蒸溜所

①会社名　②創立年
③発酵槽の素材　④蒸溜器の数、形

JAPAN
日本
東日本

　日本では近年のジャパニーズウイスキーブームもあり、全国に130カ所を超える蒸溜所が存在する。北海道余市町には、ニッカウヰスキー創業者・竹鶴政孝が設立した余市蒸溜所がある。海に近く、冷涼で湿潤な余市の環境は竹鶴の理想とするスコットランドによく似ている。現在も石炭直火蒸溜を行っている世界でも希少となった蒸溜所だ。北海道厚岸町の厚岸蒸溜所は、アイラモルトのようなウイスキーを造りたいという思いで誕生した。日本の四季を題材にした「二十四節気シリーズ」が人気だ。余市に続くニッカウヰスキー第二の蒸溜所として、宮城県仙台市に建てられたのは宮城峡蒸溜所。余市と比べて「ハイランド余市とローランド宮城峡」と例えられる。

　その他東北地方では福島県郡山市には安積蒸溜所、山形県と秋田県の県境、鳥海山の麓には遊佐蒸溜所、北信越には富山県砺波市に三郎丸蒸留所、長野県中央アルプス駒ヶ岳山の麓にはマルス駒ヶ岳蒸溜所がある。

1 ニッカウヰスキー余市蒸溜所
真っ赤な屋根と石造りが目印の蒸溜所

1 ニッカウヰスキー余市蒸溜所
蒸溜器には神聖なしめ縄がある

2 厚岸蒸溜所
2016年に北海道厚岸町で生産を開始

2章 ウイスキーの蒸溜所

2 厚岸蒸溜所
アイラモルトのようなウイスキーを目指す

4 安積蒸溜所
2016年に生産設備を整えて本格稼働した

3 ニッカウヰスキー宮城峡蒸溜所
余市蒸溜所に続く第二の蒸溜所

5 遊佐蒸溜所
山形県初のジャパニーズウイスキー蒸溜所

6 三郎丸蒸留所
創業約150年の老舗酒造が造るウイスキー

7 マルス駒ヶ岳蒸溜所
本坊酒造が手掛ける（旧マルス信州蒸溜所）

DATA

1 ニッカウヰスキー余市蒸溜所（北海道）
①ニッカウヰスキー　②1934年　③ステンレス
④6基、下向きのラインアームを持つストレート型

2 厚岸蒸溜所（北海道）
①堅展実業株式会社　②1964年　③ステンレス
④2基、ストレート型・オニオン型

3 ニッカウヰスキー宮城峡蒸溜所（宮城）
①ニッカウヰスキー　②1969年　③ステンレス
④8基、バルジ型

4 安積蒸溜所（福島）
①笹の川酒造株式会社　②1765年
③アメリカ産ダグラスファー　④2基、ストレート型

5 遊佐蒸溜所（山形）
①株式会社金龍　②1950年　③カナダ産ダグラスファー
④2基、ストレート型・バルジ型

6 三郎丸蒸留所（富山）
①若鶴酒造株式会社　②1862年　③ホーロー、木
④2基、浅いくびれのランタン型で、ネックはストレート型よりも太い

7 マルス駒ヶ岳蒸溜所（長野）
①本坊酒造株式会社　②1985年
③ステンレス、ダグラスファー　④2基、ストレート型

①会社名　②創立年
③発酵槽の素材　④蒸溜器の数、形

JAPAN
日本

東日本

軽井沢ウイスキー蒸留所は、軽井沢の水と大麦で造るウイスキーを目指し、伝統の技を復活させて地元に愛される文化にしたいという思いで設立された。小諸市にオープンした小諸蒸留所は、台湾のカバラン蒸溜所でマスターブレンダーを務めたイアン・チャン氏が手掛けたことで世界的に注目を集めている。

「イチローズモルト」で世界的に名を知られる秩父蒸溜所は、日本のクラフト蒸溜所ブームの立役者だ。スコッチウイスキーの伝統的な製法と秩父の風土が織りなすウイスキーは国内外で高い評価と数々の受賞を誇る。山梨県のサントリー白州蒸溜所は豊かな自然に囲まれた「森の蒸溜所」。山崎蒸溜所と同様多様な原酒を造り分ける。

ほか、埼玉県羽生市の羽生蒸溜所、静岡県の富士御殿場蒸溜所とガイアフロー静岡蒸溜所も注目蒸溜所だ。

1 軽井沢ウイスキー蒸留所
ランタン型ポットスチルはメルシャンと同じ型

2 小諸蒸留所
木桶の発酵槽でじっくりと発酵させる

2 小諸蒸留所
約20種の樽がずらりと貯蔵されている

2章 ウイスキーの蒸溜所

③秩父蒸溜所
創業者肥土伊知郎氏が故郷・秩父市に建設

③秩父蒸溜所
世界で唯一のミズナラ製発酵槽を使う

④羽生蒸溜所
一度休止したウイスキー造りを2021年に再開

⑤サントリー白州蒸溜所
山崎蒸溜所開設50周年にサントリー白州蒸溜所が開設

⑥富士御殿場蒸溜所
富士の伏流水を仕込み水に使っている

⑦ガイアフロー静岡蒸溜所
静岡の風土に根ざしたウイスキーを造る

DATA

①軽井沢ウイスキー蒸留所（長野）
①軽井沢ウイスキー株式会社　②2019年　③ホーロー
④2基、ランタン型

②小諸蒸溜所（長野）
①軽井沢蒸留酒製造株式会社　②2019年
③ステンレス、ベイマツ　④2基、オニオン型

③秩父蒸溜所（埼玉）
①株式会社ベンチャーウイスキー　②2008年
③ミズナラ　④2基、ストレート型

秩父第2蒸溜所（埼玉）
①株式会社ベンチャーウイスキー　②2019年
③フレンチオーク　④2基、ストレート型

④羽生蒸溜所（埼玉）
①株式会社東亜酒造　②1625年　③ステンレス
④2基、ランタン型

⑤サントリー白州蒸溜所（山梨）
①サントリー株式会社　②1973年　③木桶
④16基、ストレート型・ランタン型

⑥富士御殿場蒸溜所（静岡）
①キリンディスティラリー株式会社　②1973年
③ステンレス、木桶　④モルト6基、ランタン型・バルジ型・ストレート型、グレーンは連続式蒸溜機／器を使用

⑦ガイアフロー静岡蒸溜所（静岡）
①ガイアフローディスティリング株式会社　②2016年
③静岡産杉、ベイマツ　④3基、ランタン型・バルジ型

①会社名　②創立年
③発酵槽の素材　④蒸溜器の数、形

JAPAN 日本

西日本

　山崎蒸溜所は、日本初の本格モルトウイスキー蒸溜所だ。山崎蒸溜所の一番の特徴は、多彩な原酒を造り分ける点にある。ポットスチルの形、樽の材質、形状などがタイプの異なる多彩なモルト原酒を造り出し、山崎の熟した果実香と奥行きのある甘み、コクを生み出す。愛知県知多市には、同じくサントリーの知多蒸溜所がある。日本最大のグレーンウイスキー蒸溜所で、サントリーのグレーンウイスキーの製造拠点である。

　江井ヶ嶋蒸溜所や尾鈴山蒸留所、嘉之助蒸溜所、日置蒸溜蔵など日本酒や焼酎の酒造がウイスキー造りを始めたところも多くある。マルス津貫蒸溜所は、マルス信州蒸溜所に次ぐ本坊酒造の第二の蒸溜所。SAKURAO DISTILLERYではシングルモルト「桜尾」と「戸河内」が定番シングルモルトに。

1 サントリー山崎蒸溜所
平野と盆地に挟まれた独特の地形に建つ

1 サントリー山崎蒸溜所
ポットスチルのタイプにより原酒は変わる

2 サントリー知多蒸溜所
高さ30メートルに及ぶ連続式蒸溜機がある

2章 ウイスキーの蒸溜所

3 江井ヶ嶋蒸溜所

創業は江戸時代の老舗酒造が造るウイスキー

5 嘉之助蒸溜所

異なる形状のスチルで多彩な原酒を造る

4 SAKURAO DISTILLERY

2017年に広島県廿日市市に建てられた

6 日置蒸溜蔵

2020年にグレーンウイスキーの生産を開始

7 マルス津貫蒸溜所

本土最南端にあるウイスキー蒸溜所

8 尾鈴山蒸留所

地元宮崎県産の杉を使った発酵槽を使う

DATA

1 サントリー山崎蒸溜所（大阪）
①サントリー株式会社　②1923年　③木、ステンレス
④16基、ストレート型・バジル型

2 サントリー知多蒸溜所（愛知）
①サントリー株式会社　②1972年　③ステンレス
④連続式蒸溜機

3 江井ヶ嶋蒸溜所（兵庫）
①江井ヶ嶋酒造株式会社　②1679年　③木、ステンレス
④2基、ストレート型

4 SAKURAO DISTILLERY（広島）
①株式会社サクラオブルワリーアンドディスティラリー
②1918年　③ステンレス　④2基、ランタン型

5 嘉之助蒸溜所（鹿児島）
①小正嘉之助蒸溜所株式会社
②2017年　③ステンレス　④3基、銅

6 日置蒸溜蔵（鹿児島）
①小正醸造株式会社
②1883年　③ステンレス　④7基、ステンレス・木樽

7 マルス津賀蒸溜所（鹿児島）
①本坊酒造株式会社　②2016年　③ステンレス
④2基、ストレート型・オニオン型

8 尾鈴山蒸留所（宮崎）
①株式会社尾鈴山蒸留所　②1998年
③木桶（宮崎県産杉）　④4基、ストレート型

①会社名　②創立年
③発酵槽の素材　④蒸溜器の数、形

OTHER
その他
ウェールズ、イングランド、イタリア、フィンランド、インド、台湾、オーストラリア

①ペンダーリン蒸溜所
独自に設計したファラデースチルを使う

②レイクス蒸溜所
美しい自然に囲まれた蒸溜所

ここでは、5大生産地には入らないが、今注目の蒸溜所を紹介する。

ウェールズのペンダーリン蒸溜所は、スコッチウイスキーやアイリッシュウイスキーにも使用していないスチルを使い、唯一無二のウイスキーに仕上げている。レイクス蒸溜所はイングランドの蒸溜所。マッカランの元リードウイスキーメーカー、サラ・バージェス氏がウイスキーメーカーに就任し、革新的な個性に注目が集まる。

カバラン蒸溜所は台湾初のウイスキー蒸溜所。亜熱帯気候で造られているが、高温多湿な環境でウイスキーの熟成が早く進むため、短期熟成でありながら長期熟成されたような奥深い味わいを楽しめる。プーニ蒸溜所はイタリア初のウイスキー蒸溜所で、スコットランド以外で伝統的なスコットランドのポットスチルを使用している。ほか、フィンランドのキュロ蒸溜所、インドのポール・ジョン蒸溜所、オーストラリアのスターワード蒸溜所も注目だ。

③カバラン蒸溜所
台湾の美しい土地、宜蘭で造られる

2章 ウイスキーの蒸溜所

4 プーニ蒸溜所
オーストリアとスイスの国境近くに位置する

6 ポール・ジョン蒸溜所
インド産の大麦を使用している

5 キュロ蒸溜所
フィンランド産全粒ライ麦を原料にしている

7 スターワード蒸溜所
オーストラリアのメルボルンで誕生した

DATA

1 ペンダーリン蒸溜所
①ザ・ニュー ウェルシュウイスキー社　②2000年
③ステンレス　④3基、ランタン型・ファラデースチル

2 レイクス蒸溜所
①ザレイクス　②2011年　③ステンレス
④2基、ランタン型

3 カバラン蒸溜所
①キングカーグループ
②2005年　③ステンレス　④20基

4 プーニ蒸溜所
①プーニ　②2010年　③カラマツ（地元産）
④2基、伝統的な形状

5 キュロ蒸溜所
①キュロディスティラリーカンパニー
②2014年　③ステンレス　④5基、ランタン型

6 ポール・ジョン蒸溜所
①ジョン・ディスティラリーズ社　②2008年　③ステンレス
④8基、バルジを改良したストレート（プレーン）に近い形状

7 スターワード蒸溜所
①ニューワールドウイスキーディスティラリー社
②2007年　③ステンレス　④2基、ストレート型

①会社名　②創立年
③発酵槽の素材　④蒸溜器の数、形

COLUMN

蒸溜所に行ってみよう

蒸溜所の見学ツアーを開催している蒸溜所も多い。見学ツアーでは、ウイスキーの製造工程を見学できたり、テイスティングしたりできる。ウイスキーの知識がさらに深まること間違いなしの見学ツアー、ぜひ参加してみよう。

サントリー山崎蒸溜所 大阪

日本のウイスキーの歴史を学ぶ

日本初の本格モルトウイスキー蒸溜所である山崎蒸溜所。有料・抽選式の「山崎蒸溜所ものづくりツアー」は「山崎」が生まれるものづくり現場を見学できるほか、「サントリーシングルモルトウイスキー山崎」や希少なモルトウイスキー原酒などのテイスティングができる。「ものづくりツアープレステージ」（有料・抽選式）では、ものづくりツアーに加えてプレステージツアーでしか立ち寄ることのできないエリアの見学などができる。事前予約制の「山崎ウイスキー館見学（無料・製造工程見学なし）」もある。

DATA
予約はHPまたは電話から
HP：https://www.suntory.co.jp/factory/yamazaki/
電話：075-962-1423（電話受付時間10:00～17:00）
住所：大阪府三島郡島本町山崎5-2-1
営業時間：10:00～16:45（最終入場16:30）

テイスティングラウンジ。

「山崎」構成原酒をテイスティング。

余市蒸溜所　北海道

日本のウイスキーの父が造った理想郷

ニッカウヰスキー第一号蒸溜所。アーチの石造りの正門や重要文化財に指定されているキルン塔が目をひく。見学は無料のガイドツアーと、有料ツアーがある。ガイドツアーでは、ウイスキーの製造方法やニッカの歴史についてなどをガイドが案内し、最後に無料のテイスティングを楽しめる。有料イベントには、通常の見学コースに加えて一般公開していない貴賓室、旧竹鶴邸の内部が見学できるプラチナムコースや、キーモルトの試飲とマイブレンドの作成が楽しめるセミナーとがある。

DATA
予約はHPまたは電話から
HP：https://distillery.nikka.com/yoichi/reservation
電話：0135-23-3131（電話受付時間9:00～16:15）
住所：北海道余市郡余市町黒川町7-6
営業時間：9:00～15:30（詳細はHPで確認を）

余市蒸溜所のシンボル・キルン塔。

ニッカミュージアムのブレンダーズラボ。

2章 ウイスキーの蒸溜所

サントリー白州蒸溜所　山梨

自然と共生する「森の蒸溜所」

山梨県北杜市・南アルプスの麓に位置する白州蒸溜所。広大な森に囲まれた白州蒸溜所では、製造エリアの見学やテイスティングのできる「ものづくりツアー」（有料・抽選式）や、事前予約制の「ウイスキー博物館・セントラルハウス入場」（無料・製造工程見学なし）がある。

DATA

予約はHPまたは電話から
HP：https://www.suntory.co.jp/factory/hakushu/
電話：0551-35-2211（電話受付時間9:30〜16:30）
住所：山梨県北杜市白州町鳥原2913-1
営業時間：9:30〜16:30（最終入場16:00）

製造エリアの見学。

最新の映像演出で学ぶ。

キリンディスティラリー富士御殿場蒸溜所　静岡

富士の麓の蒸溜所

富士山の麓に設立された富士御殿場蒸溜所。見学ツアーでは、全長約12メートルのシアターによるプロジェクションマッピングや、蒸溜器や発酵槽などを見学できるほか、「キリン シングルグレーン ジャパニーズウイスキー 富士」などをテイスティングできる。

DATA

予約はHPをまたは電話から
HP：https://www.kirin.co.jp/experience/factory/gotemba/
電話：0550-89-4909（受付時間9:00〜16:00）
住所：静岡県御殿場市柴怒田970番地
キリンディスティラリー 富士御殿場蒸溜所
営業時間：9:00〜16:00

迫力あるポットスチル。

厚岸蒸溜所　北海道

人気シリーズを試飲できる

アイラモルトへの憧れから2016年にウイスキー蒸溜を開始した厚岸蒸溜所。見学ツアーでは、通常立ち入ることのできない蒸溜所敷地内を見学したり、厚岸湾、厚岸湖を眺めながら人気の「二十四節気シリーズ」のテイスティングを楽しんだりすることができる。

DATA

予約は道の駅厚岸グルメパーク
「厚岸味覚ターミナル コンキリエ」のHPから
HP：https://www.conchiglie.net/tour/tour6

小諸蒸留所　長野

2種類の見学プランがある

蒸留所見学には「コモロエクスペリアンス」と「コモロアカデミー」の2種がある。コモロアカデミーでは、実際にウイスキーを飲み比べながらウイスキーについて学べる。バーでは、こだわりのフードやカクテルのほか、小諸蒸留所の原酒が楽しめる。

DATA

予約はHPから
HP：https://komorodistillery.com/visit/
住所：長野県小諸市甲4630-1
営業時間：10:00〜19:00
（最終入場18:00 バーL.O.18:30）

10のキーワードで読み解く
ウイスキー物語

ウイスキーと思しき酒が文献に登場したのは1494年スコットランド王室の文書で、「麦芽を材料としてアクア・ヴィッテを造らせる」とあった。それから500年以上が経つ。その間にウイスキーにどんなことがあったのか、歴史を紐解く。

2章 ウイスキーの蒸溜所

1 ウシュクベーハー

15世紀の命の水がウイスキーの起源

ウイスキーの起源には諸説あるが、蒸溜技術の発展の過程で生まれたとされる。もともと蒸溜技術は、海の水を飲むために生まれた技術と考えられている。ただ、紀元前9世紀ごろのアジアや、紀元前4世紀のギリシャなど、いつ、どこで生まれたかは諸説あり、はっきりとはわかっていない。

錬金術師が生み出したウイスキー

ただ、蒸溜技術は中世に盛んに研究された錬金術の中心的な技術として発展したのは確かで、この技術が酒の製造にも応用され、アルコール度数の高い蒸溜酒が造り出された。蒸留酒は「不老不死の薬」と考えられ、ラテン語で「アクア・ヴィッテ（aqua vitae）＝生命の水」という意味を持つ名前がつけられた。スコットランドの1494年の大蔵省の文書には「修道士ジョン・コーに麦芽を与え、アクア・ヴィッテを造らせた」という記述があり、これが公文書で確認できるはじめての「生命の水」に関する記述になる。

蒸溜技術はその後、ケルト人に伝わる。「生命の水」はケルト人の言語であるゲール語にすると「ウシュクベーハー（Uisge-beatha）」となり、この語がウシュクボー、ウシク……などと訛りによってどんどん変化して最終的に「ウイスキー」という言葉に変わった。ちなみに、ブランデーのフランス語である「オードヴィー（Eau-de-Vie）」やウオッカの原語「ヴトゥカ（wodka）」も「生命の水」を意味する言葉だ。

2 樽熟成

重い課税から逃れるための密造が生んだ琥珀色

　ウイスキーの代名詞といえば、美しく輝く琥珀色の液体。だが、誕生してすぐのウイスキーは、今のような琥珀色ではなく、ウオッカやジンと同じような無色透明のホワイトスピリッツだった。そもそも今も蒸溜したばかりのウイスキーは、無色透明で、熟成することで黄色、黄金色、褐色、そして琥珀色……と変化していく。ではなぜ無色透明なウイスキーが現在の琥珀色に行き着いたのか。それにはウイスキーの密造が大きく関係しているという。

偶然が生んだ樽熟成

　1707年「合同法」によって、スコットランド王国はイングランド王国と合併し、グレートブリテン王国が誕生する。それによって、スコットランドではバグパイプの演奏が禁止されるなどの弾圧が行われ、ウイスキーの製造に対しても厳しい税金がかけられるようになった。

　そこで人々は、重い税から逃れるために抵抗手段のひとつとしてスコットランド北部に製造拠点を移し、ウイスキーなどの密造を行うようになった。人々は、造ったウイスキーを当時大量に余っていたシェリーの空き樽などに隠した。その後、忘れ去られた樽を何年後かに開けてみると、なんと無色透明だったウイスキーが琥珀色のまろやかな液体に変わっていた、というわけである。そんな偶然の産物がウイスキーの木樽熟成を行うきっかけとなった。その後1830年代に木樽熟成が一般化したといわれている。

2章 ウイスキーの蒸溜所

3 スコッチウイスキーの法制度

混乱を極めた密造時代は法改正で幕を閉じた

　1777年に合法的な蒸溜所はわずか8カ所しかなかったが、非合法の密造蒸溜所は4000カ所以上もあったという。1784年には、スコットランドをハイランドとローランドというふたつの地域に分けて、異なる課税基準を設ける「ウオッシュ・アクト（醪法）」が制定される。この法律は、ハイランド地方の密造を防止することを目的としており、ローランドのみ税率の引き下げが行われるなど不公平な内容だった（1816年に廃止）。1814年にはライセンス料は10ポンド、500ガロン（2270リッター）以下の蒸溜釜は禁止など、さらに重い課税方法に改訂。小規模蒸溜業者は密造に戻るしか道はなく、徴税官とのトラブルが絶えなかった。

ウイスキー製造は合法に

　このような実態を憂いた、ハイランドの大地主で上院議員だったゴードン公爵が「政府は合法的なウイスキーを造らせることで利益を生み出すべき」と提案。これをきっかけに1823年に

酒税法が改正され、妥当な金額のウイスキー製造許可料が導入された。翌年にはザ・グレンリベット蒸溜所が合法的な第一号蒸溜所として、ライセンスを取得し、小規模の蒸溜所でも安い税金で蒸溜を行うことができるようになった。その後は約10年でほとんどの蒸溜所がライセンスを取得し、多くの政府公認の蒸溜所が誕生した。結果100年以上続いたウイスキー密造時代は終焉した。

4 連続式蒸溜機

大量生産を可能にした連続式蒸溜機

　ウイスキーの密造時代は終わったが、当時まだウイスキーはスコットランドの地酒に過ぎなかった。

　ウイスキーが世界中で飲まれるようになった理由として挙げられるのが「連続式蒸溜機」の登場だ。ウイスキーの製造過程には、蒸溜という工程がある。アルコールと水の沸点の違いを利用して、アルコール度数を高めるために行われる。

　それまでウイスキーは「ポットスチル（単式蒸溜器）」を用いる単式蒸溜で造っていた。単式蒸溜では、連続的にウォッシュ（原料）を投入して蒸溜することができないため、大量生産はできなかった。一方、連続式蒸溜機の塔の内部は棚のように何段かに仕切られており、上部からウォッシュを投入すると棚一段ごとが単式蒸溜器と同じ仕組みでアルコール成分を分離する。ウォッシュを連続的に投入することができるため、大量生産が可能になった。

ブレンデッドウイスキーの誕生

　それまで大麦麦芽のみを原料にした「モルトウイスキー」が主流だったが、連続式蒸溜機によって大麦麦芽以外の穀物も原料にする「グレーンウイスキー」が大量に生産できるようになった。モルトウイスキーと比べるとグレーンウイスキーは原料の風味が少なく、個性がないのが特徴。その両方のよさを掛け合わせた「ブレンデッドウイスキー」がここで生まれる。ブレンデッドウイスキーは安定供給でき、安価のため市場を席巻。スコッチウイスキーが世界中に広がる契機となった。

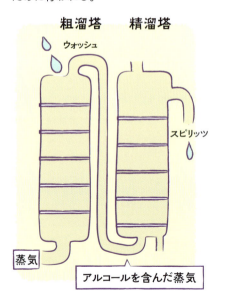

2章 ウイスキーの蒸溜所

5 フィロキセラ害

ワインに代わりウイスキーが広がる

　ウイスキーが世界中で飲まれるようになったのは、連結式蒸溜機の発明に加えて、もうひとつ「フィロキセラ」の流行がある。フィロキセラとは、日本名で「ブドウネアブラムシ」といい、ブドウの木の根に寄生する害虫の名前だ。アメリカからフランスに渡ったとされ、フランスでは1863年にコート・デュ・ローヌで発見された。その後はたちまちフランス中に広がり、大量のブドウ樹が枯死する事態になった。フィロキセラによる虫害は深刻で、被害はフランスのみならずヨーロッパ全域に広がった。フランスのワイン生産量はたった4年間で1/3以下まで減少し、ワイン産業は壊滅的な被害を受けてしまう。

ウイスキーを世界に広げた虫

　この「フィロキセラ禍」はなかなか解決せず、ワインやブランデーの供給はその間ストップした。ワインやブランデーを愛飲していたイングランドの人々は「代わり」としてウイスキーを

飲むようになる。これがウイスキーが世界に羽ばたくきっかけとなった。ブランデーやワインの供給が元の水準に戻る頃には、ウイスキーはイギリスの輸出品ベスト5に数えられるくらいに世界中で定着したという。

6 バーボンと禁酒法

バーボンが生まれた背景と禁酒法

　「バーボンウイスキー（以下バーボン）」はアメリカ・ケンタッキー州などで生産されているウイスキーの一種。バーボンが生まれた背景には、酒税法への市民の反発が深く関わっている。アメリカ独立戦争が終わり、アメリカ合衆国として独立したことに伴いアメリカの各地ではウイスキー造りが行われるようになる。

　しかし、1791年政府はウイスキー税を設けることを発布する。独立戦争によって膨大な軍費を要したアメリカ国家は、まだ財政が安定しておらず、その新たな財源としてウイスキーに目をつけたのだ。これに反発した人々は、ウイスキー税から逃れるため、当時はまだアメリカ合衆国に属していなかったケンタッキー州やテネシー州に移り住んだ。そこで人々は、その地の特産品であったトウモロコシを原料にしたウイスキーを造り始める。すでにケンタッキー州では「バーボンの祖」と呼ばれるエライジャ・クレイグによってバーボン造りは始まっていたが、多

くの移民が加わったことでよりバーボン造りが盛んになった。

禁酒法により暗黒時代に

　その後順調に成長を遂げたアメリカのウイスキー産業だが、1920年に施行された禁酒法によって状況は一変する。20世紀初頭には3000カ所近くあったといわれる蒸溜所は、禁酒法の煽りを受け、ほとんどが廃業に追い込まれる事態に。1933年に禁酒法は廃止されたが、そのダメージは大きかった。

7 ボトラーズ

ただの瓶詰め業者ではない!

「ボトラーズブランド（以下ボトラーズ）」とは、蒸溜所や専門業者から樽で原酒を買い、自社で熟成させて瓶詰め後に販売している業者のこと。蒸溜所から発売される商品は「オフィシャル」と呼ばれ、ボトラーズが販売する商品は「アンオフィシャル」と呼ばれる。実は、スコッチウイスキーの世界ではボトラーズの存在が欠かせないのだ。

個性があふれるボトルに

ボトラーズでは、仕入れた原酒をオフィシャルとは異なった手法で、差別化した商品を造り上げる。その手法は、独自の熟成庫で熟成させたり、オフィシャルとは異なるタイプの樽で後熟させたり、異なる蒸溜所のウイスキーをブレンドしたり、ボトラーズという名ではあるが、自社ではボトリング（瓶詰め）はせず商品のプロデュースのみを行っている場合もある。したがって、ボトラーズそれぞれの特徴が出て、少量生産向きの個性的なボトルになる傾向がある。オフィシャルに遜

色ないほどのボトルも存在し、ボトラーズの世界は奥深いものだ。

最も有名なボトラーズブランドは、もともとは高級食料品店だった「ゴードン&マクファイル」だ。豊富な原酒を保有しており、樽の数は1万7000を超える。優れた熟成技術、ブレンド技術によってオフィシャルでも出せないモルトをたくさんリリースしている。ほかにもオフィシャルに遜色ないほどのボトルを出しているボトラーズはたくさんある。

8 低迷と大資本

希少価値か大手メーカーか

　ウイスキーが初めて公式文書に登場したのは1494年。そこから、現在まで500年以上ウイスキーは世界中で多くの人に広く飲まれてきた。

　スコッチウイスキーは、1926年に金属製のスクリューキャップが発明され、より飛躍的に売上を伸ばしていた。しかし、第一次世界大戦、第二次世界大戦と世界恐慌、そしてアメリカの禁酒法によって多くの蒸溜所が閉鎖に追い込まれる。

　その後も1980年代からウイスキーの人気は低迷し、業界は暗黒時代を迎える。しかし、2010年頃からインドや中国、ロシアなどでのスコッチの需要が高まった影響もあり、消費量が増えている。

大資本メーカーが発展

　第二次世界大戦後、スコッチウイスキーは巨大な親会社がいくつもの蒸溜所を所有する動きが強まる。たとえば、業界トップのディアジオ社はカリラ蒸溜所やラガヴーリン蒸溜所、タリスカー蒸溜所など30カ所ほどの蒸溜所を所有している。業界3位だったペルノ・リカール社が業界2位のアライド・ドメックを2005年に買収、業界2位に躍り出るなど大資本メーカーによる吸収合併も盛んに行われている。

　そんな中、少量生産のシングルモルトの人気が高まっているのも事実である。希少価値のあるシングルモルトとマス向けの大資本それぞれに需要があり、消費者の好みに合わせて、市場も変化しているのだ。

9 高騰と偽造

ウイスキーが高騰すると偽物も増える

希少価値によってボトル1本に高級車よりも高い価格がつくことも珍しくないウイスキーの世界。高値がついた例を挙げれば、2019年にオークションハウス「サザビーズ」で「マッカラン ファイン＆レア 1926」に150万ポンド、日本円にして約2億8,800万円という値がついた。数年間この最高額は破られなかったが、2023年についに上回る値がつけられる。その銘柄は「ザ・マッカラン1926」。シェリー樽で60年間熟成され、1986年に瓶詰めされた40本のうちの1本で「世界一希少なスコッチウイスキー」と言われる。価格は218万7500ポンド、日本円にして約4億円。オークションで売られたワインや蒸溜酒のボトルとしては史上最高額である。近年は中国人気の影響でジャパニーズウイスキーも高値がつけられ、サントリーの「山崎55年」は香港のオークションで約8515万円で落札された。

高級品は偽物に要注意

しかし、希少価値の高いウイスキーはその分偽造品のリスクとも隣り合わせだ。たとえばマッカラン社は自社の希少なボトルを落札してレプリカを発売したところ、落札したボトルが偽物で偽物をレプリカとして発売してしまったという事件がある。老舗ブランドでさえ巻き込まれるほど、偽造品は横行しているのだ。偽物に騙されないためには相場と比べて安くないか、偽造防止のホログラムシールはあるかなどをチェック。また信頼できる販売業者から購入することも何より大切だろう。

10 クラフトウイスキー

造り手のこだわりを楽しめるのが魅力

「Craft」は英語で「手作業で作る」という意味。近年は小規模な醸造所で造る「クラフトビール」が日本でも多く知られるようになったが、同じように小規模な蒸溜所で少量生産されるウイスキーを「クラフトウイスキー」という。クラフトウイスキーを造る蒸溜所を「クラフトディスティラリー」と呼ぶ（以前は「マイクロディスティラリー」と呼ぶのが一般的だった）。クラフトウイスキーが世界的に注目されるようになったのは、世界的なウイスキーブームの再来によるものだろう。

アメリカでは、1979年に自家醸造が合法化し、1980年代にクラフトビール醸造所が一気に広がった。その成功を受けて、2008年シカゴにクラフトディスティラリーとして初めて「コーヴァル蒸溜所」が設立し、アメリカ最大級のクラフトディスティラリーに成長する。現在はアメリカ国内で約2000カ所以上のクラフトディスティラリーが操業しており、その数はどんどん拡大している。オートミール

やキヌアを原料にしたり、ビール醸造技術を取り入れたりと個性豊かで自由な味が楽しめるところも人気だ。

世界各国で注目される

アメリカだけでなく、本場スコットランドやアイルランド、日本など世界中でクラフトディスティラリーは増えている。今後の動向に注目したい。

3章

ウイスキーを味わう

Chapter1
ウイスキーの味を決める要因

各蒸溜所で製法は基本的に違わないはずなのに、ウイスキーの味はひとつひとつまったく違う。その味の違いはどこからくるのだろう。

　ウイスキーの「味」は、ウイスキーの製造工程、つまり造り手のこだわりによって変わる。
　この中でも最も味わいを左右する要因は、樽熟成だ。ウイスキーのあの味、あの香りは樽で熟成させてこそ生まれる。使う樽にはさまざまな種類があるが、その樽で過ごす時間がウイスキーの味わいを深め、個性を造り出すのだ。
　次に原料の違い。大麦麦芽をはじめ、小麦やトウモロコシなど原料の種類や質によって味は異なる。次に、モルトウイスキーに限るが、ピートの焚き方。独特のスモーキーフレーバーは、ピートの焚き方次第で強弱が変わる。また、発酵する際のウイスキー酵母の種類や混ざる空気の量、発酵を行う発酵槽の材質によっても風味や香りが左右される。次に挙げられる要因は蒸溜器だ。蒸溜器には単式蒸溜器と連続式蒸溜機があり、前者は長時間かけて発酵液を煮沸させるため複雑な味となり、後者は一度に大量の蒸溜液を造り出すためシンプルな味わいとなる。
　ウイスキーを飲むときは、瓶詰めされるまでどこでどのように造られたのか、蒸溜所や職人のこだわりを感じながら味わいを楽しんでほしいものだ。

ピート（泥炭）
麦芽を乾燥させるときに燃料といっしょに使用するピート（泥炭）。ピートを焚くことで、スモーキーフレーバーが生まれる。

樽の種類
バーボンは内側を焦がした新樽、スコッチはバーボンの空き樽を主に、シェリー、ポート、ワインなどの空き樽というように、熟成樽にさまざまな種類の樽が使われ、ウイスキーの個性を生み出す。

味に影響を与える要素

素材

原料
大麦麦芽、小麦、トウモロコシなど原料の違いで味わいは異なる。

水
仕込みに使う水はもちろん、アルコール度数を調整する水によって味は変わる。

製造方法

酵母＆発酵
酵母の種類や発酵槽の材質も重要だ。

蒸溜
単式蒸溜器なのか、連続式蒸溜機なのか、また蒸溜器（機）の形も影響を及ぼす。

熟成

樽熟成
熟成樽には、バーボン樽やシェリー樽などさまざまな種類がある。樽の中で短くても3年、中には50年以上熟成させるものもある。熟成によってウイスキーの味が決まると言っても過言ではない（詳しくは210ページ参照）。

Chapter2
ウイスキーの香りを知る

ヘザー

ウイスキーは造られる過程で、さまざまな複雑な芳香成分が溶け込む。
しっかりと香りを楽しみ、舌で味わってほしい、。

　ウイスキーの香りには、フルーツ香やスモーク香、ハーブ香、海の香り、穀物の香りなど、さまざまな種類がある。ただ、これらの香りは決してシンプルなものではない。多くの香りが折り重なってあらわれたり、時間をおいて異なる香りが順にあらわれたりと、大変複雑なものだ。しかし、この複雑な香りを楽しんでこそ、ウイスキーをより深く味わうことができ、ウイスキーが持つ本当の価値を知ることができるといえる。
　香りを楽しむときは、まずグラスをよく洗ってにおいがつかないよう、きちんと乾かすことが大切だ。
　グラスに注いだ後は、すぐに鼻を近づけたり飲んだりしてはいけない。長い間瓶の中で休眠していたウイスキーを、しばし空気に触れさせて香りを広げるのだ。
　香りを感じたら、自分が感じたことを感じるがままに言うことが大切だ。香りは人によって感じ方が異なるうえに、香りの表現方法に正解はない。感じた香りを言葉に定着させることで、ウイスキーをより深く知ることができるのだ。

ヘザー

スコットランドを代表する花で、スコッチウイスキーならではのフラワー香。甘く豊醇な香りを持つ。

スモーク香

麦芽を乾燥させるときに使われるピート（泥炭）に由来する香り。スコッチウイスキーの代名詞的香りのひとつ。

3章 ウイスキーを味わう

ウイスキーのフレーバーホイール

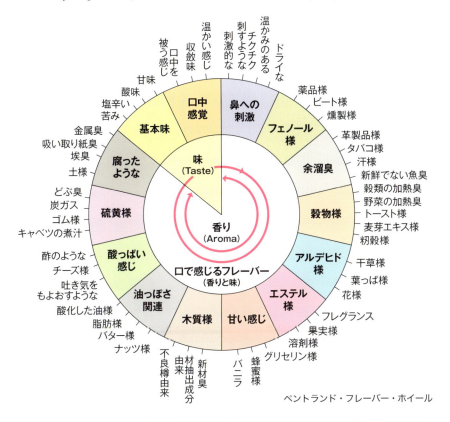

ペントランド・フレーバー・ホイール

■ ウイスキーの香味表現

上図はペントランド・スコッチ・ウイスキー研究所によって開発された、ウイスキーの香味を表現するフレーバーホイールのひとつ。香りはホイールの最上部から右回りに「鼻への刺激」「フェノール様」など12グループあり、各グループにおいて3〜4のフレーバー例が示されている。

ウイスキーの香りのいろいろ

※記載されている表現はよく使われる表現で、これが全てではない。

フルーティー フルーツは原料には使われていないが、柑橘類やベリー類、りんごなどを思わせる香りが含まれる。

柑橘類	レモン	ライム	オレンジ	グレープフルーツ
トロピカルフルーツ	マンゴー	パイナップル	バナナ	パッションフルーツ
ベリー類	クランベリー	ラズベリー	ブルーベリー	カシス
ドライフルーツ	干しぶどう	干しいちじく	干しあんず	干しいちご
その他フルーツ	りんご	もも	メロン	プラム
	洋なし	青りんご	白ぶどう	

3章 ウイスキーを味わう

フローラル&ハーブ
スミレやラベンダーなどの華やかなフローラル系の香りや、ハーブ香が感じられる。

フローラル（花）: スミレ、ラベンダー、バラ、ジャスミン、ヘザー、ゼラニウム

ハーブ: ミント、ローズマリー、ローリエ、バジル

その他植物: 草、シダ、ユーカリ、月桂樹

■ 香りの由来

原料の穀物由来の香りのほか、モルトを乾燥するときに燃料として使われるピートに由来する香り、熟成する際に使う木樽由来の香り、そして熟成期間中に樽から溶け出す成分とアルコールが化学反応を起こして生まれる香りでウイスキーの香りは構成される。

ピート&硫黄

原料である大麦麦芽の乾燥に使うピート由来の香りのほか、原料の穀物由来のトーストやビスケットなどの香りがある。

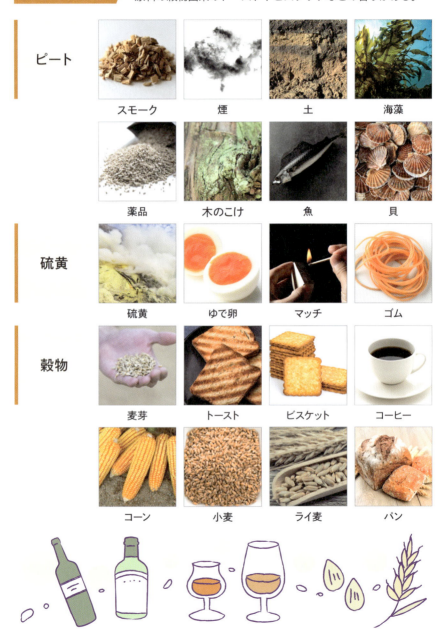

3章 ウイスキーを味わう

樽熟成

バーボン樽ではバニラやキャラメルの香り、シェリー樽ではドライフルーツやナッツ、スパイス系の香りがする。

スイート	はちみつ	バニラ	キャラメル	チョコレート
ウッディ	オーク	松	白檀	伽羅
ワイン	シェリー	ポートワイン	マディラワイン	赤ワイン
スパイス	シナモン	クローブ	ペッパー	アニス
	ナツメグ	コリアンダー		
ナッツなど	アーモンド	ヘーゼルナッツ	くるみ	

Chapter3
ウイスキーの テイスティング

テイスティングは舌だけを使うのではない。
視覚と嗅覚をフル活用して味わうことが大切なのだ。

　テイスティングといっても、いきなりウイスキーを口に含むのではない。まずは見た目の色と香りをきちんと把握することから始まる。甘い香りを嗅げば甘い味を連想するように、視覚と嗅覚は味覚に大きく関係してくるからだ。

　また、時間も味わいを繊細に変化させる。口に含んで最初に得られる味から始まり、口全体やのどを通過するときに感じる味、飲み込んだ後の印象であるフィニッシュ、そしてしばらく口に残る味や香りであるアフターフレーバー。これらの複雑で多彩な味を分析し、表現することがテイスティングとなる。

体調と時間

二日酔いや睡眠不足など、体調がすぐれないときは正確なテイスティングはできないので控える。テイスティングする時間は食後1時間ほどは空ける。

■ ウイスキーの味わい

味には第一層の基本味と口への刺激を感じる口中感覚の2種類がある。基本味は甘味、酸味、塩味、苦味、旨味があり、口中感覚には「口中を被う感じ」「口中が温かくなる」「粉っぽい感じ」などと表現される。

甘味
糖質は含まれていないので、樽や原料由来の甘い香りが甘味になる。

酸味
レモングラスのような柑橘系の酸味など程よい酸味が心地よい。

塩味
塩辛いときや潮の香りを感じるときは「ブリニー」と表現する。

苦味
香ばしい焦げ臭や樹皮、ブドウの皮などビターな香り。

旨味
麦芽のもろみから芳醇な旨味のある香りを感じることがある。

ウイスキーを味わう過程

1 テクスチャー

舌触りや口当たりのことで、舌で感じる味わいのこと。ウイスキー特有の「甘味」とアルコールからくる「熱さ」や「刺激感」、「とろみ感」を表現する。

表現する言葉
アルコール感が強い／弱い、なめらか、クリーミー、オイリー（舌にまとわりつく粘性）など

2 ボディ

口中やのどを通過し、飲み込んだときの感覚のことで、ボディは軽い、ミディアム、重いの3つのカテゴリーに分けられる。のどを通過する感触はつるつる、ざらざらなどと表現する。

表現する言葉
ボディが強い／弱い、バランスよい／悪い、重厚さ、コクがある/ない　など

3 フィニッシュ（余韻）

飲み込んだ後の印象を表現する。ウイスキーを飲み込んだ後に鼻腔や口中に残る香りや味わいはどうだったのか、最も強く思った感想がフィニッシュの言葉になる

表現する言葉
ショート／ミディアム／ロング、温かさ、クリーン、シャープ　など

テイスティングシート

基本情報

ウイスキー名					

熟成年数		蒸溜年		瓶詰め年	

蒸溜所		生産国／エリア	

容量	ml	アルコール度数	%

テイスティング日時		場所	

グラス		気温・湿度	

ライティング（照明）	日光　　蛍光灯　　LED ／白色　　暖色

気分／体調	悪い　　普通　　よい

飲み方	ストレート　　オン・ザ・ロック　　ハイボール　　水割リ トワイスアップ　　ワンドロップ

カラー	金色	5	4	3	2	1
	茶色	5	4	3	2	1

総合評価	☆ ☆ ☆ ☆ ☆

香り

フルーティー	5	4	3	2	1

フローラル&ハーブ	5	4	3	2	1

ピート&硫黄	5	4	3	2	1

樽熟成	5	4	3	2	1

テイスティングシート

味わい

甘味	5	4	3	2	1

砂糖　ハニー
チョコレート　キャラメル
バニラ　フルーツ

塩味	5	4	3	2	1

塩辛い　海藻
磯　潮
海っぽい

酸味	5	4	3	2	1

酢　レモン
チーズ
サワークリーム

苦味	5	4	3	2	1

焦げ　コーヒー
ゴーヤー

辛味　ある　ない	渋味　ある　ない	旨味　ある　ない

3章 ウイスキーを味わう

口中感覚

テクスチャー

ボディ

フィニッシュ

まとめ

ウイスキーを愉しむ

「ウイスキーはこういうお酒だからこう飲まなければいけない」という思い込みは捨て、形にとらわれず自分流の愉しみ方を見つけよう。

ウイスキーの飲み方

初 =初心者向き
中 =中級者向き
上 =上級者向き

ストレート
薄めたりせず、ウイスキーをそのまま愉しむ。別名「ニート」。

ワンドロップ
ウイスキーに1滴ずつ水を垂らして愉しむ。

トワイスアップ
グラスにウイスキーと常温の水（1：1）を入れて愉しむ。

オン・ザ・ロックス
グラスに氷とウイスキーを入れて愉しむ。

ハイボール
グラスに氷、ウイスキー、炭酸水を入れて愉しむ。

水割り
グラスに氷、ウイスキー、水を入れて愉しむ。

ウイスキー・フロート
グラスに氷と水を入れ、その上にウイスキーを垂らして愉しむ。

ミスト
グラスにクラッシュドアイスとウイスキーを入れて愉しむ。

ホットウイスキー
グラスにウイスキーとお湯（1：2～3）を入れて愉しむ。

上級者向き

ストレート

Straight

1 メジャーカップでウイスキーを量る。

2 グラスに1のウイスキーを注ぐ。

チェイサーを
用意するとよい。

ウイスキーをそのままグラスに入れて飲む
まさに上級者にふさわしい飲み方

3章 ウイスキーを味わう

上級者向き

ワンドロップ

One Drop

1 メジャーカップでウイスキーを量り、グラスに注ぐ。

2 1滴ずつ水を足しながら愉しむ。

ストレートに1滴ずつ水を足し変わっていくウイスキーの風味を愉しむ

POINT

水を入れることで
隠れた香りが現れてきて香味の魅力を引き出せる
飲みやすさも嬉しい

ストレートのウイスキーにスポイトやティースプーンを使って、常温の天然水を1滴ずつ垂らす飲み方。数滴の水を加えることで、ウイスキーの香りが開いて味わいと香りが変化する。

> 中級者向き

トワイスアップ

Twiceup

1 メジャーカップでウイスキーを量り、グラスに注ぐ。

2 メジャーカップで量って同量の天然水（常温）を注ぐ。

ウイスキーを同量の水で割り香りと味わいをより感じる飲み方

POINT

ウイスキーと同量の水で割ることで
香りが引き立ち
ウイスキー本来の味を感じられる

ウイスキーを注いだら、同量の常温の天然水を注ぐ飲み方。作り方は簡単だが、ウイスキーの香りを堪能するのに最適な飲み方とされる。

中級者向き

3章 ウイスキーを味わう

オン・ザ・ロックス

氷は大きめのできれば市販品を！グラスを冷やしておく

On The Rocks

1 冷えたグラスに大きめの氷を入れる。

2 メジャーカップでウイスキーを量り、1に注ぐ。

ハイボール

初心者向き

Highball

1 冷えたグラスに氷を適量入れ、メジャーカップで量ってウイスキーを注ぐ。

ウイスキーはあらかじめ冷凍庫で冷やしておく

2 マドラーで混ぜてウイスキーを冷やす。

ウイスキーが冷えていれば、混ぜなくてOK。

3 グラスをななめにして炭酸水をそっと注ぐ。

炭酸ガスが逃げないよう混ぜるのは最小限にすること！

3章 ウイスキーを味わう

4 マドラーなどで縦に1回混ぜる。

混ぜすぎない。

世界5大ウイスキーで作る「世界のハイボール」

それぞれおすすめの割材で
ハイボールを作ろう。
国による味わいの違いが楽しめる！

- ジョニーウォーカー レッドラベル 40度 + ソーダ
- ジェムソン スタンダード 40度 + ジンジャーエール
- ジムビーム 40度 + コーラ＆レモン
- カナディアンクラブ 40度 + ソーダ＆メイプルシロップ
- サントリー ウイスキー角瓶 40度 + トニックウォーター

初心者向き

水割り

Whisky with Water

1 冷えたグラスに氷を適量入れて、マドラーで混ぜてウイスキーを冷やす。

ウイスキーが冷えていれば、混ぜなくてOK。

2 冷えた天然水を注いで軽く混ぜる。

おいしいウイスキーと水の割合は1対4 やわらかい味わいで誰もがおいしく感じる

POINT

特別な日に楽しみたい！
最高の水割りをご紹介

大きなワイングラスにウイスキーと水を1：2の割合で入れて1〜2分間スワリングし（混ぜ合わせる）、氷を適量入れる。スムーズな飲み口で大変おいしい。特別な日におすすめ。

中級者向き

3章 ウイスキーを味わう

ウイスキー・フロート

氷で冷やした水にすべらせるようにウイスキーを浮かべる

Whisky Float

1 グラスに氷を入れ、冷えた天然水を注ぎマドラーでよく混ぜる。

2 スプーンの背に沿わせてウイスキーを注ぐ。

POINT

ウイスキーと水が層になり
口中で合わさる不思議な感覚。
ひと口ごとに味わいが変わっていく

フロートは水に浮かべたという意味。氷を入れたグラスに水を入れ、上からウイスキーを垂らすとウイスキーが水の上に浮かび、水とウイスキーのきれいな2層が楽しめる。

111

中級者向き

ミスト

Mist

1 クラッシュドアイスを
たっぷり入れ混ぜる。

グラスに
白い霧ができる
くらい混ぜる。

2 ウイスキーを適量入れ、
マドラーでしっかり混ぜる。

ミストとは「霧」という意味 グラスに霧を作る

POINT

グラスにクラッシュドアイスを
入れたらマドラーでよく混ぜて
グラスの内と外にしっかり霧を作ること

たっぷりのクラッシュドアイスにウイスキーを注ぎ、マドラーでしっかりかき混ぜて、グラスの内側にも外側にも霧を作ることがポイント。氷の溶け方が早いので、飲むたびに味が変わる。

中級者向き

3章 ウイスキーを味わう

ホットウイスキー

お湯割りにすることで香りがやさしく際立つ

Hot Whisky

1 耐熱グラスに、ウイスキーを適量注ぐ。

2 ウイスキーの倍量または3倍量の湯を注ぎ、マドラーなどで軽く混ぜる。

POINT

お湯は80℃くらいが適温
沸騰するちょっと前のふつふつと湧いてきた
くらいがちょうどよい

ウイスキーをお湯で割る飲み方で、水で割るよりもウイスキーの香りが引き立つ。グラスはあらかじめお湯で温める。柑橘類やはちみつなどを加えたり、シナモンスティックを添えたりしてもよい。

家飲みを愉しむための道具

ストレートや
トワイスアップに

香りを楽しむストレートやトワイスアップには、いわゆるテイスティンググラスが◎。下方の膨らみで香りを溜め込み、揮発した香りを堪能できる。

香りを
愉しみたいなら

ワイングラスなどチューリップ型に膨らんだボディとすぼまった口の形状のグラスは、ウイスキーの香りを引き出す。香り高いウイスキーにぴったり。

オン・ザ・ロックスに

底が厚く、飲み口が広いロックグラス。オン・ザ・ロックスの大きな氷を入れるのに適しており、使い勝手がよい。

ハイボールや水割りに

背の高いタンブラーグラスは、氷をたくさん入れたハイボールを飲むのにぴったり。炭酸の泡の立つ様子を眺めながら楽しめる。

3章 ウイスキーを味わう

万能グラスはコレ！

ワイングラスのステムがないような形状で、トワイスアップや水割り、ロックなどどんな飲み方でも香りや味わいを楽しめる。

その他必要な道具

メジャーカップ

ウイスキーの量を量るカップ。容量には30mlや45mlなどがある。ハイボールや水割りはウイスキーと炭酸水や水との比率が大切なので、分量を量るとよい。

内側に10ml、20mlなどと容量が細かく書かれているタイプは分量を量りやすいのでおすすめ。

アイスペール&マドラー

アイスペールは氷入れ。ステンレス製で二重構造になっていると、氷が溶けづらい。
ウイスキーを混ぜるマドラーは好きな素材やデザインで選んでも◎。

ワンドロップなどに用いられる加水用のスポイト。1滴ずつ水を加えることができる。

115

8つのキーワードで読み解く
日本のウイスキー物語

日本におけるウイスキーの歴史は5大生産地の中で最も浅い。はじめは日本に住む外国人向けだった酒が、国産の本格的なものになり、バーのシンボルから身近なスピリッツへと変貌を遂げた。日本のウイスキーの歴史を振り返る。

3章 ウイスキーを味わう

1 最初のウイスキー「白札」

日本初のウイスキーは
サントリーから始まる

　日本のウイスキーの歴史は、1853年江戸時代の「黒船来航」に始まり、ペリー提督によってはじめてウイスキーが日本に持ち込まれたとされる。当初は日本に住む外国人用に輸入されていたが、幕末から明治初期にかけて日本人にも徐々に広まる。だが、国産品には粗悪品も多かったという。

本物の国産ウイスキーを夢見て

　そんな日本のウイスキー業界を変えたのは、寿屋（現在のサントリー）の社長鳥井信治郎だ。1907年に「赤玉ポートワイン」を発売し、成功をおさめていた。鳥井は日本で本格的なウイスキー造りに着手するため、ウイスキー造りを学びにスコットランド留学していた竹鶴政孝を寿屋に迎え入れ、1923年には大阪府山崎に蒸溜所を建設する。これが現「サントリー山崎蒸溜所」である。そして、蒸溜が始まってから5年後の1929年に国産本格ウイスキー第一号の「サントリーウイスキー白札」を発売。価格は1本4円50

銭※。当時の「ジョニーウォーカー赤ラベル」が5円だったことを考えると、かなり強気の値段設定である。

　鳥井の命運をかけた白札だったが、残念ながら市場の評価はあまり得られなかった。価格が高いうえに、本格的なスモーキーフレーバーは「煙臭い」「焦げ臭い」と言われ、当時の日本人の口に合わず受け入れられなかったという。

※出典：新潮社「美酒一代」（杉森久英著）

2 鳥井信治郎と竹鶴政孝

日本のウイスキーを創り出した二人

　竹鶴政孝は酒屋の三男として生まれ、当時の洋酒メーカートップの摂津酒造に就職。社長にスコットランドでウイスキー造りを一から学ぶことを薦められ、1918年ウイスキーの本場へと旅立つ。いくつかの蒸溜所での実践研修を経て、竹鶴はグレーンウイスキーやモルトウイスキーの製造方法やブレンド技術を習得する。そして、帰国後前述の鳥井に寿屋に招き入れられる。

目指すウイスキーの味が違った

　国内初の本格モルトウイスキー蒸溜所は山崎蒸溜所。霧が発生しやすい湿潤な地であること、水質が良いことからウイスキー造りに適している点、交通の便がよいことから選ばれた。

　竹鶴は山崎蒸溜所の初代工場長に選ばれ、日本でのウイスキー造りに着手する。しかし、鳥井と竹鶴の酒造りの姿勢は相異なっていた。スコットランドと同じスモーキーなウイスキーを目指す竹鶴に対して、鳥井は日本人の口に合うウイスキー造りを求めていた。

　二人とも「本物のウイスキーを造りたい」という思いは同じだったが、目指すウイスキーの「味」が違ったのだ。

　鳥井と竹鶴が初めて造った日本初の本格ウイスキー「サントリーウイスキー　白札」は、日本人の口に合わなかったか、結果は失敗に終わる（117ページ参照）。その後、1934年に竹鶴は寿屋を退社。ニッカウヰスキーを設立し、北海道・余市の地でウイスキー造りを始める。一方、鳥井はサントリー初代マスターブレンダーとして、日本人の口に合うウイスキー造りをさらに目指し研究を重ねる。

山崎蒸溜所

ウイスキー造りの理想の地

　大阪府と京都府の府境に位置する山崎峡。サントリー創業者、鳥井信治郎はこの地に日本で初めて本格的なモルトウイスキー蒸溜所を作った。鳥井がこの地を選んだ大きな理由は水にある。山崎の湧き水は茶人・千利休が愛し、茶室を同地に置くなど名水の地として知られている。名水百選に選ばれている。鳥井は当時のスコットランドの醸造学の権威とされたムーア博士に同地の水を送り、「山崎の水はウイスキー造りに最適」と検査報告を受けたという。

　また、山崎峡は桂川、宇治川、木津川の3つの川が合流し、平野と盆地に挟まれた独特の地形を持ち、熟成、貯蔵に適する湿潤な気候であることからウイスキー造りに大変適した土地だった。スコッチウイスキーの故郷、スコットランドのローゼス峡付近の気候に酷似していたという。

多彩な原酒の造り分け

　山崎蒸溜所では、1929年に国産第一号ウイスキー「白札」を生み出す。その後は「角瓶」をはじめ日本人の味覚に合うウイスキーを生み出し、戦後のウイスキーブームをリードする存在に。

　山崎蒸溜所の特徴は、「多彩な原酒を造り分け」していることだ。多種多様なポットスチルと樽を使い分け、仕込みから発酵、蒸溜、そして熟成まですべての工程で原酒の造り分けを行っている。そのため、ジャパニーズウイスキーならではの複雑で奥行きのある味わいが生み出されるのだ。

4 余市蒸溜所

本場ウイスキーを目指して造られた

　竹鶴政孝がスコットランドに似た気候と自然環境であることから、ウイスキー造りの理想郷としていた北海道・余市町。寿屋（現サントリー）を退社した竹鶴は、1934年この地に「大日本果汁株式会社（後のニッカウヰスキー）」を創設し、1936年にウイスキー造りを開始した。

　竹鶴はウイスキーの本場・スコットランドでウイスキー造りを学んできた経験があるため、「一人でも多くの日本人に本物のウイスキーを飲んでもらいたい」という思いが強かった。そのため、余市蒸溜所でもスコットランドのロングモーン蒸溜所やヘーゼルバーン蒸溜所で学んだ造り方をそのまま再現した。

伝統的な製法を受け継ぐ

　その代表的な製法が「石炭直火蒸溜」である。ポットスチルは下向きのストレートヘッド型を使っており、直火にかけてできた底部の焦げが重厚な味わいと香ばしい風味を生み出す。ただ、火力を一定に保つのがむずかしく、熟練の技が求められるため、この製法を採用しているのは現在世界でも希少。そして、開設から80年以上経った現在でも、竹鶴の思いを受け継いでこの製法を続けている。石炭直火蒸溜で造られる「余市モルト」は、力強く重厚で豊かな味わいが特徴。

　敷地内の建物は創業時の建造物が今も残り、蒸溜塔、第一・第二貯蔵庫など計10棟が国の登録有形文化財に指定されている。

5 「角瓶」「オールド」「スーパーニッカ」……

国民の憧れの存在 高級ウイスキー

国産第一号ウイスキー「白札」の結果を受けて（117ページ参照）、サントリー創業者鳥井信治郎は日本人の味覚に合わせたウイスキーを造ることに力を注ぐ。その努力が実を結び、ついに1937年「角瓶」が発売。角瓶は山崎蒸溜所が稼働してから長らく熟成されていた原酒を日本人の繊細な味覚に合わせた香味を目指してブレンドしたもので、結果大ヒット商品となる。

その後寿屋は、円熟したモルトウイスキー原酒と高品質のグレーンウイスキー原酒のみで造られる「サントリーオールド」を1940年完成させる。しかし戦時中で発売できず、10年の時を経て1950年に発売する。「出世したら飲める酒」の象徴だったが、高度経済成長とともに「だるま」の愛称で国民に広く普及していく。

幻のウイスキーは超高級品

当時は酒税法で「特級」「一級」「二級」に分けられていたが、「特級ウイスキー」にふさわしい商品が1962年

に生まれる。「ニッカウヰスキー」の竹鶴政孝が造った「スーパーニッカ」だ。極めて高価だったが、ウイスキーファンの間で評価が高く、売れ行きはよかった。しかし年間の生産量はわずか1000本で、「幻のウイスキー」とも呼ばれた。

輸入品としては「ジョニ黒」の愛称で親しまれた「ジョニーウォーカー・ブラックラベル」、日本に初めて持ち込まれたというスコッチウイスキー「オールドパー」はともに高級ウイスキーとして庶民の憧れの存在だった。

6 ウイスキーの衰退

ブームから一転
長く続いた低迷期

　角瓶、オールド、ブラックニッカといった人気商品とともにジャパニーズウイスキー市場は徐々に右肩上がりに成長していく。寿屋（現サントリー）が1946年に発売した「トリスウイスキー」は比較的安価だったため、大衆の支持を得て大ヒット。昭和30年代にはトリスバーが続々と開店し、ハイボールが人気を集めた。また、1962年にはアサヒビールの子会社である朝日酒造が、1969年には三楽酒造（現メルシャン）が、1972年にはサングレイン（現サントリー知多蒸溜所）がグレーンウイスキーの生産を開始し、日本でもモルトとグレーンという2種類のウイスキーをブレンドするブレンデッドウイスキーの生産が可能になった。

　その後は高度経済成長とともに年々消費量を伸ばしていき、1980年には「サントリーオールド」の年間出荷量が1240万ケースに。この売上は単独銘柄としては世界一の記録となる。1983年にはウイスキーの国内消費量が約38

万KLと最高値になるが、これがウイスキー市場のピークとなる。

再び起死回生する

　そこから消費量は減少する一方で、1989年の大幅な酒税法改正の年には23万KLに落ちる。バブル崩壊、日本酒やワイン、焼酎ブームなどによって、ウイスキーは長い低迷期に入る。消費量は2001年には11万KL、2008年には7万5000KLまで落ち込んでしまう。しかし、そこから消費量は回復に向かう。再びウイスキーブームが訪れるのだ。

3章 ウイスキーを味わう

7 シングルモルトウイスキーの評価

日本のウイスキーブームを牽引

20年以上続いたウイスキー低迷期だったが、2008年頃のハイボールブーム、2014～15年に放送されたNHK朝の連続テレビ小説「マッサン」（竹鶴政孝をモデルにしたドラマ）の影響もあり、再びウイスキー需要が高まる。

ウイスキーブームが訪れた背景にはもう一つ、世界的な「シングルモルトブーム」が影響している。ブレンデッドウイスキー全盛時代、シングルモルトはブレンデッドの構成原酒として造られていて単品で商品化されるものではなかった。そんな中1963年にグレンフィディックは世界で初めてシングルモルトを発売。これが世界中で大ヒットしたのを皮切りに、1980年代には続々とシングルモルトが発売され、市場が拡大する。蒸溜所や熟成樽によって個性がはっきりと出るシングルモルトは、ウイスキー愛好家を中心に世界的にブームとなる。日本でもその影響を受け、1990年代後半からシングルモルトの人気が出始める。

国外で数々の賞を受賞

そんな中、日本のシングルモルトは世界的に高い評価を得ている。ウイスキーマガジンのワールド・ウイスキー・アワードで2001年にはニッカウヰスキーの「シングルカスク余市10年」が、2006年にはベンチャーウイスキーの「キングオブダイヤモンズ」がそれぞれ最高得点を獲得。2010年にはサントリーの「山崎1984」が「インターナショナル・スピリッツ・チャレンジ」で全部門での最高賞を受賞するなど、さらなる飛躍が期待できる。

クラフトウイスキー

蒸溜所の
こだわりが光る

　シングルモルトブームもあって、ウイスキーの需要が高まっている近年、日本ではクラフトウイスキーが増えている。

　日本では、埼玉県秩父市の「秩父蒸溜所」がクラフト蒸溜所の先駆けとされる。秩父蒸溜所は2004年に閉鎖された羽生蒸溜所創始者の孫である肥土伊知郎が2007年に設立した。羽生蒸溜所が閉鎖する際に引き取った原酒を使用した「カード」シリーズや、原酒にウッドフィニッシュを施してボトリングした「イチローズモルト」は国内外から高く評価されている。発酵槽は世界で唯一のミズナラ製、麦芽は輸入麦芽に加えて埼玉県産の二条大麦「彩の星」を使うなど、蒸溜所独自の製法ができるのはクラフト蒸溜所ならでは。ほかにも、北海道の厚岸蒸溜所、静岡県のガイアフロー静岡蒸溜所などクラフト蒸溜所の開設が相次いだ。

希少性も魅力のひとつ

　2000年代初頭には数カ所しかなかったが、現在は日本にも計画段階のものを含めると110カ所以上のクラフト蒸溜所がある。国外で高い評価を得ているものも多く、その影響もあって入手しづらい銘柄は海外でも価格が高騰している。クラフトウイスキーは少量生産なので、需要に対して供給が追いつかず入手困難なものも多い。生産量が少ない希少性も、クラフトウイスキーの人気の高さの理由だろう。

4章

買えても買えなくても飲んでみたいウイスキー100本

見て、探して、飲むのもウイスキーの愉しみ方の1つ。30年以上前にボトルに詰められたオールドボトルや、今ではほとんど目にすることもない大変貴重なウイスキーなど、私が今飲みたいウイスキーを厳選！
本章で紹介しているボトルは、メーカー現行品もあるが、多くはオールドボトルやヴィンテージ品※となる。オークションやフリマサイトなどで見つけたら、ぜひ手に入れてみよう。

※以前は正規代理店から発売されていたが終売になったもの、もともと正規代理店からの発売がないもの、限定品などでかなり希少価値が高いものなどを含みます。

COLUMN

今こそ狙いめ「オールドボトル」

オールドボトルとは?

ウイスキーの世界で人気を集めるオールドボトル。一般的に容量が760ml、750mlのもの（現在は700mlが主流）、日本では1989年の酒税法改正前に流通していたものなどを「オールドボトル」と呼んでいる。希少性はもちろん、当時の製法や経年変化による味わいの違いが価値を生んでいる。

サントリー角瓶の特級シール

見分け方①

特級表記：1989年に級別制度が廃止されたが、「特級」のラベル在庫が大量にあった場合、半年から1年程度は以前の特級ラベルを使用してもよいという猶予期間が設けられた。そのため、ラベルの「特級表記」は1990年まで残ることとなった。

見分け方②

従価税表記：1989年、ウイスキーの級別（特級・1級・2級など）とともに従価税が廃止された。

蓋に貼られたJAPAN TAXシール

見分け方③

JAPAN TAX（酒税証紙）シール：酒税を納めた証拠として貼られていたシール。1971年の洋酒完全自由化をきっかけに、1974年に廃止された。蓋の上部に貼られていることが多い。

見分け方を知れば価値あるボトルを安価で手に入れることが可能！

特級とは

日本では、酒税法により原酒の混和率などによって特級、1級、2級と区分して課税する級別制度が定められていた。1989年の酒税法改正によって、級別制度は廃止され、税負担は軽減された。

		特級規定
1953年	特級、1級、2級の分類ができる ※ウイスキーは「雑酒」に分類	原酒混和率30%以上 アルコール度数43%以上
1962年	「ウイスキー類」が独立する	原酒混和率20%以上 アルコール度数43%以上
1968年	【特級規定】原酒混和率23%以上、アルコール度数43%以上
1978年	【特級規定】原酒混和率27%以上、アルコール度数43%以上
1989年	級別制度、従価税の廃止
現在	【ウイスキーの定義】 原酒混和率10%以上

4章 買えても買えなくても飲んでみたいウイスキー100本

ボトル今昔ストーリー

マッカラン12年

1980年前後から12年表記となり徐々にボトルがスリムになる。現在は12年+シェリーオークと表記も変わった。

ホワイトホース

ホワイトホース社ではボトルナンバーできわめて限定的な発売時期と出荷先がわかるらしい。

ワイルドターキー 8年

ワイルドターキーが登場したのは1942年だが、現在の蒸溜所で造られ出したのは1972年から。旧ラベルを懐かしむ声も多い。

オールドボトルの魅力

1970年代から企業の集約が進み、生産の効率化が優先されるようになった。そこでそれ以前の時期に手間暇かけて造られた酒への需要が高まり、オールドボトルも注目を集めるように。希少性が高いため、出会いはまさに一期一会。その出会いを大事にしたいものだ。ただし、品質が劣化している場合もあるので注意しよう。

シングルモルトスコッチ

001 ★★ 入手困難度
エドラダワー10年

スコットランド最小の蒸溜所

1990年代くらいに流通した一品。ペルノ・リカール社が所持していたが、2002年に独立系ボトラーのシグナトリー・ヴィンテージ社に売却。ペルノグループ時代のまだ蒸溜所のビジターセンターも完成していない頃は、こんな小さな蒸溜所でウイスキーができるのかと思った記憶がある。

DATA The Edradour Aged 10 Years
750ml 43度

002 ★★ 入手困難度
クイーンエリザベス2

豪華客船の中で売られていたウイスキー

ラベルデザインのみならず中身も時代によって変わるのが特徴。本品は1990年前後の販売品。中身は不明だが、モリソンボウモア社によって造られているため、香味から推察してグレンギリーではないかと推察される。この時代はボウモア説、ボウモア、オーヘントッシャン、グレンギリーのヴァッテッド説などがあるが、当時の各蒸溜所のハウススタイルで考えると、グレンギリーが一番しっくりくる。

DATA Q・E・2 Highland
Malt Scotch Whisky
750ml 43度

4章 買えても買えなくても飲んでみたいウイスキー100本

003 入手困難度 ★
グレンモーレンジィTOKYO

東京をウイスキーで表現

「物語シリーズ」2023年発売の第4弾『グレンモーレンジィ トーキョー』は伝統とモダンな雰囲気を併せ持つ都市、東京をイメージして造られた。ミズナラオーク樽、新しいバーボン樽、オロロソシェリー樽の3種類の樽でそれぞれ12年から15年間熟成されている。

DATA
Glenmorangie
A Tale Of Tokyo Highland
Single Malt Scotch Whisky
700ml　46度

004 入手困難度 ★
アベラワー10年 V.O.H.M. 特級

ブランデーに間違えそうなアベラワー

シングルモルトウイスキーには見えない、ブランデーのようなユニークなボトルが特徴。「V.O.H.M.」はVERY OLD HIGHLAND MALTの略。ピュアモルトスコッチウイスキー表記、シングルハイランドモルトの表記もある。

DATA Aberlour Over Ten 10 Years Old V.O.H.M.
700ml　43度

シングルモルトスコッチ

005 入手困難度 ★

カーデュ12年 200周年記念

偉大な女性二人の功績

　2024年発売。パッケージには当局から不法とされていた蒸溜所を隠す合図として赤い旗を持ったブランド創始者ヘレン・カミングが描かれている。ヘレンと義理の娘エリザベス・カミングは蒸溜が禁止されていた時代、ルールに挑戦して新たな基準を設けたことで知られている。通常のカーデュでは使われないワイン樽で熟成させるのが特徴。

DATA
Cardhu Aged 12 Years
200 Anniversary
700ml　40度

006 入手困難度 ★★

グレンエルギン12年 特級

著名な建築家が建築した美しい蒸溜所

　グレンエルギン蒸溜所はハイランド地方スペイサイドで1898年創業。ラベルにはピュアハイランドモルトの表記がある。ホワイトホースの原酒として知られ、当時はラベルにもホワイトホースのトレードマーク白馬が描かれていた。当時の価格は1万円。

DATA　Glen Elgin Aged 12 Years Pure Highland Malt 1970's
　　　　760ml　43度

4章 買えても買えなくても飲んでみたいウイスキー100本

007 入手困難度 ★★★ ボトラーズ
グレングラント1936

シェリーの香りが色濃くする

　1936年蒸溜だが、ボトリング年は不明。ゴードン＆マクファイル社（以下G&M）が提供するグレングラント蒸溜所のモルトウイスキー。私は1990年代にG&Mのシングルモルトを多数購入した。当時は熟成年数やボトリング年がほぼ未表記だったので、G&Mに質問した。「必要ない」という回答だったが、必要性を説明しその後表記されるようになった思い出がある。

DATA
Glen Grant 1936
750ml　43度

008 入手困難度 ★★★ ボトラーズ
グレングラント ロイヤルマリッジ 1948&1961

英国王室の皇太子の結婚記念に発売

　1981年発売。イギリスのチャールズ皇太子とダイアナ元妃の結婚を記念して特別に造られた。1948と1961は二人それぞれの生誕年を表しており、2つの蒸溜年のウイスキーをヴァッティングしている。複数本買って飲んだ思い出がある。

DATA
Glen Grant Royal Marriage 1948&1961
750ml　40度

シングルモルトスコッチ

009 ★ 入手困難度

グレンファークラス30年

リッチで優雅な味わい

　限定生産のレッドドアシリーズは30年のほか、35年、40年がある。長期熟成が定番で売っているのが珍しい。ボックスは蒸溜所のシンボルとしても有名な、先祖代々受け継いできた伝統的な熟成庫の扉（レッド・ドア）をモチーフにしている。

レッドドアをモチーフにしたパッケージ。

DATA
Glenfarclas Highland
Single Malt Scotch Whisky
Aged 30 Years　700ml　43度

010 ★★ 入手困難度

グレンフィディック
アニバーサリーエディション
125周年記念

グレンフィディックの記念ボトル

　1887年の創業から125周年を記念して免税店向けに2012年に発売した。6代目モルトマスター、ブライアン・キンズマンによって創業当時の味に近づけるため、ピート麦芽の原酒をヨーロピアンオーク樽で熟成。バーボン樽やシェリー樽熟成原酒も使用している。

DATA
Glenfiddich 125 Anniversary Edition
700ml　43度

011 ★★ 入手困難度

グレンフィディック8年 クリアボトル 1970s

実はボトルがグランツのもの!?

実はラベルのみグレンフィディック8年で、ボトル自体はグランツのボトルが使われている。なんと上部のマーク、スクリューキャップもグランツ。当時はボトルが不足していたためなのか、なんとも不思議なウイスキーである。

DATA Glenfiddich Pure Malt Scotch Whisky
Over 8 Years
750ml 43度

012 ★ 入手困難度

グレンマレイ マスターディスティラー

ドイツ市場向けのシングルカスク

グレンマレイ蒸溜所のマスターディスティラーズセレクションというシリーズで、マスターディスティラーが入念に選んだ樽をドイツ市場向けに特別に瓶詰めしたもの。ピーテッド原酒が使われており、味は甘くてスモーキー、スパイスが長く続く。

DATA Glenmoray 5years Peated Singlecask
Master Distiller's Selection 700ml 48度

シングルモルトスコッチ

013 入手困難度 ★

ザ・グレンリベット200周年

ザ・グレンリベット創設200年を祝う

ザ・グレンリベット蒸溜所の創業200周年を記念して2024年に発売。200年という長い歴史を祝うために特別に造られた100%ファーストフィル・アメリカンオーク樽で12年以上熟成されたシングルモルトウイスキー。200年間の歴史が詰め込まれているパッケージも必見。

DATA
The Glenlivet
12 Years of Age
The Glenlivet 200 Years
700ml　43度

ザ・グレンリベットの歴史が描かれたパッケージ。

4章 買えても買えなくても飲んでみたいウイスキー100本

014 入手困難度 ★★
ザ・グレンリベット25年

シェリーカスクの優雅な風味

　ファーストフィルのシェリーオークで仕上げ、オロロソシェリーカスクでフィニッシュさせた。シルクのように甘く、濃厚な味わいが楽しめる。近年は8万円程度の値がつけられる。発売から15年以上経った2023年「ザ・グレンリベット21年」とともにリニューアルされた。

DATA
The Glenlivet
Twenty Five Years of Age
700ml　43度

015 入手困難度 ★★★
ストラスアイラ1960

G&M社のラベルが印象的

　ボトラーズのG&M社より2012年に発売されたので52年熟成と思われる。90年代は、熟成年数やボトリング年がほぼ未表記だったため、グレングラントと同様G&Mに表記を提案した思い出がある。

DATA　Strathisla 1960
　　　　　700ml　43度

135

シングルモルトスコッチ

016 ★
入手困難度

ザ・マッカラン ハーモニーコレクション インテンスアラビカ

創造性と革新性を表現したシリーズ

なかなか入手困難なザ・マッカランの限定品。比較的プレミアム価格になっていないハーモニーコレクションは、「自然と調和しながら生きる」というコンセプトのもと、造られた限定シリーズ。ウイスキーの枠組みを超えたコラボレーションから生まれた製品で、本品は第2弾。コーヒーからインスピレーションを受けている。

DATA
The Macallan
The Harmony Collection Inspired By Intense Arabica
700ml　44度

017 ★★★
入手困難度

ザ・マッカラン カスクストレングス

アメリカ向けのマッカラン

ザ・マッカランのカスクストレングス（樽出し原酒）は、通称「レッドラベル」。アメリカ市場向けにリリースしたとされる。オフィシャルのマッカランには珍しく、冷却ろ過していない品。日本では2000年くらいに12,000円ほどで流通していた。

DATA
The Macallan Cask Strength
750ml　57.8度

4章 買えても買えなくても飲んでみたいウイスキー100本

018 入手困難度 ★★★

ザ・マッカラン30年 ブルーラベル

30年以上の長期熟成原酒

この商品のファーストリリースは1998年、蒸溜は1960年代後半と言われている。しかし多数リリースされているので、詳細は不明である。当時の価格は99,000円。コバルトブルーの鮮やかなラベルと、30年以上熟成したやわらかな口当たりが今も人気。

DATA The Macallan 30 Years Old Sherry Oak
700ml　43度

019 入手困難度 ★

バリンダロッホ ヴィンテージリリース2015

スペイサイドの隠れた宝石

2024年に発売された日本市場向け限定ボトリング商品。バーボン樽原酒50%とリフィルバーボン樽原酒50%で構成されている。バリンダロッホ蒸溜所は家族経営で、創業者のガイ・マクファーソン・グラントはバリンダロッホ城の23代当主でもある。

DATA Ballindalloch 2015 Vintage Release
700ml　50度

シングルモルトスコッチ

020 ★ 入手困難度
アードナッホー5年 ファーストリリース

数量限定のファーストリリース

アイラ島で9番目にできたアードナッホー蒸溜所は2017年に設立、2019年に稼働を開始した。本品は2024年に発売したファーストリリース品で、80%がバーボン樽、残り20%がシェリー樽で5年間熟成され、8万本のみの限定生産品。アイラのピートスモークが香る。

DATA
Ardnahoe 5 Years Old First Release By Air
700ml　50度

021 ★★★ 入手困難度
オクトモア 15.3 アイラ・バーレイ

スーパーヘビリーピーテッドの一本

テロワールウイスキーとして有名なブルックラディ蒸溜所の最強のスモーキーといわれる、オクトモア。原料にこだわったアイラバーレイ（オクトモア農園産コンチェルト大麦100%）を使っている。307.2ppmはどんなものか一度は味わいたいもの。

DATA
Octmore 15.3 Islay Barley
700ml　61.4度

022 ★★ 入手困難度
キルホーマン 100% アイラ 13th リリース

自社栽培の大麦の風味を感じられる

すべての工程をアイラ島で行ったキルホーマン蒸溜所のシングルモルト。本品は、世界でも稀な自社栽培のアイラ産ローカルバーレイのみを使用した"100%アイラ"スタイルのワールドリリース第13弾。バーボン樽熟成44樽のヴァッティングで、最低熟成年数は8年。

DATA
Kilchoman 100% Islay 13th Release
700ml　50度

4章 買えても買えなくても飲んでみたいウイスキー100本

023 入手困難度 ★★
アードベッグスペクタキュラー

バーボン樽とポートワイン樽が生み出すコク

世界中のモルトファンとともにアードベッグで乾杯する「アードベッグ・デー」。アードベッグでは毎年イベントに合わせた限定ボトルを発表している。本品は、2024年発売。初のポートワイン樽熟成の原酒を使用し、スモーキーさと合わさり絶妙な味わいに。

DATA Ardbeg Spectacular
700ml　46度

024 入手困難度 ★★★
アードベッグ 1975

伝説的なボトリングのビンテージ品

アードベッグ蒸溜所が1981年休止される前の原酒を使用。1997年にグレンモーレンジィが買収した後、1998-2001年の短期間に限定数量でボトリングされた貴重なシングルヴィンテージ。熟成は約23年の限定品で、あまり知られていない超貴重品。

DATA
Ardbeg Limited 1975 Edition
700ml　43度

025 入手困難度 ★★★
アードベッグ30年

個性を残しつつもバランスのとれた味わい

本品は1990年代後半から2006年まで限定的に生産、販売されていたアードベッグでは珍しい長期熟成原酒であり、1960年代後半から1970年代前半の原酒がメインで構成されている貴重な品。甘さとヨード、潮の香味は閉鎖前のアードベッグの魅力。

DATA
Ardbeg Guaranteed
30 Years Old
700ml　40度

シングルモルトスコッチ

026 入手困難度 ★★★
ブラックボウモア 1964

シェリーアイラの極み

　1993年から1995年にかけて発売されたブラックボウモアシリーズ。本品はその第2弾の30年熟成。発売当時は2万円前後。長期熟成物で安価なのでアイラはすごいと感じた。その後ウイスキーブームで4弾目から価格も高騰した。ボウモアに限ったことではないが高額な長期熟成ウイスキーは、フェイクが多いといわれているので注意が必要。2024年Netflixドラマ「地面師たち」に「1964 42年物」が登場した。

DATA
Bowmore Black 1964
700ml　50度

027 入手困難度 ★★★
ボウモア バイセンテナリー

ボウモア蒸溜所200周年記念ボトル

　蒸溜所の創立200周年を記念して、1979年に発売した通称「バイセンテナリー」。1964年蒸溜の原酒をシェリー樽で15年間熟成した。少しいびつな形のボトルが特徴。当時の価格は7万円。日本では300本限定で発売された。サントリー買収前の商品。余韻には少し塩気のあるスモーキーさが楽しめる。

DATA
Bowmore Bicentenary
1964-1979　750ml　43度

140

4章 買えても買えなくても飲んでみたいウイスキー100本

028 ★★ 入手困難度

ボウモア26年
フレンチオークバリック

**ボウモアのワインカスク
フィニッシュシリーズ**

　ボウモアの限定シリーズ「ヴィントナーズ・トリロジー（Vintner's Trilogy）」の第二弾ボトル。本品は13年間バーボン樽で熟成後、フレンチワイン樽で追加熟成というダブル熟成で仕上げた一品。現在流通品で価格は10万円くらい。ボウモアらしいトロピカルフルーツにアイラモルトらしい風味が味わえる。

DATA
Bowmore The Vintner's
Trilogy 26 Years Old
700ml　48.7度

ウイスキー豆知識①

**オールドボトルの
買い方**

　まずリスクがあることを承知の上で、価格の相場をインターネットや実店舗（オークションサイトや古物商など）で調べてみよう。ラベルの変色がなく、液面低下はないほうが安心。

141

シングルモルトスコッチ

029 入手困難度 ★★★

ポートエレン
22年 1st オフィシャル

6000本限定の
オフィシャルボトル

　ポートエレン蒸溜所は1929年から1966年まで創業停止し、再開したが再度1983年に再び停止、2024年6月に再開。本品は6000本限定で2001年にボトリングされ、100ポンド（17,500円）でウイスキーが最も売れない時代に発売された。2024年Netflixドラマ「地面師たち」にも登場したのも記憶に新しい。

DATA
Port Ellen 1st Annual Release 1979
22 Years Old
700ml　56.2度

ウイスキー豆知識②

最近の新しい
蒸溜器

クラフト蒸溜所を中心にハイブリッド式（コーヴァル蒸溜所など）、鋳物製銅錫合金の蒸溜器（三郎丸蒸留所など）など新たな蒸溜器や蒸溜方法が誕生してきている。

142

4章 買えても買えなくても飲んでみたいウイスキー100本

030 入手困難度 ★★★
ラガヴーリン 12年 1980s

アイラモルトの代表銘柄

　ピュアアイレイ（アイラ）モルト。「ラガヴーリン」はラガヴァリン谷間の風車を意味する。ホワイトホースのキーモルトとして使われる。1970年代から80年代初頭まで発売されていた、通称「ホワイトラベル」で当時の価格は1万円。

DATA
Lagavulin
Pure Islay Single Malt
Scotch Whisky
Aged 12 Years
750ml　43度

031 入手困難度 ★★
ラフロイグ25年

評価が高く希少なボトル

　EXバーボン樽で25年熟成したノンチルフィルタード・カスクストレングス。既に手に入れることが難しくなっている。ラフロイグでは毎年25年熟成のオフィシャル品をリリースしており、特に2018年リリース版は、ラフロイグラバーの間では2010年代の中でベストといわれる。

DATA
Laphroaig Islay
Single Malt Scotch Whisky Aged 25 Years
700ml　52度

シングルモルトスコッチ

032 入手困難度 ★★
オーヘントッシャン12年 特級

3回蒸溜が優美な芳香と味わいを引き出す

オーヘントッシャン蒸溜所は、ローランドモルトの名門といわれ、伝統的な製法である3回蒸溜を今でも行っている。本品はサントリー買収（1994年）前の商品。懐かしの角瓶が味わい深い。当時の価格は12,000円。ローランドらしい、桃のような香りとスムーズな飲み口が楽しめる。

DATA
Auchentoshan
12 Years Old
750ml　43度

033 入手困難度 ★★
ローズバンク12年 1980s

ローランドの王のオールドボトル

スコットランドのフォルカークにあるローズバンク蒸溜所は、1993年に閉鎖されたが、「ローランドの王」と評されて愛好家の間で人気を誇った。そんなローズバンク蒸溜所が30年の時を経てフォルカークで2023年より生産を再開。ウイスキー発売の準備を進めている。

DATA
Rosebank 12 Years Old
750ml　43度

4章 買えても買えなくても飲んでみたいウイスキー100本

034 入手困難度 ★★★
ローズバンク20年 1980s

20年熟成の希少な原酒が使われる

1993年に閉鎖された、ローランドモルトを象徴するローズバンク蒸溜所のシングルモルト。一般的には8年熟成が流通しているが、本品は20年の長期熟成もの。2024年Netflixドラマ「地面師たち」にも登場。

DATA
Rosebank 20 Years Old
700ml　57度

ウイスキー豆知識③
製造の情報を開示する蒸溜所も

原料の畑から製造日時、熟成庫の場所や期間、ブレンドの割合に至るまで詳細に公開するブランドが出てきている。ウォーターフォードやブルックラディでは商品コードから詳細情報を確認できる。

シングルモルトスコッチ

035 入手困難度 ★
タリスカー25年

タリスカーらしい力強い味わい

タリスカー25年は、アメリカンオークのリフィル樽で熟成した原酒を年1回ボトリングしている。控えめな香りの中に潮のニュアンス、ほのかなスモーキーさが楽しめる。世界中から引っ張りだこの商品のため、日本に入ってくる分もすぐに売切れてしまうのが難点。

DATA
Talisker Single Malt Scotch Whisky Aged 25 Years
700ml　45.8度

036 入手困難度 ★
ラグ コリクレヴィ エディション

今注目の蒸溜所のコアレンジ

ラグ蒸溜所はアラン島にあるロックランザ蒸溜所の姉妹蒸溜所で、2019年に設立。本品はファーストフィルバーボンバレルで熟成後、オロロソシェリーホグスヘッドで約6カ月追熟したというシングルモルト。シェリー樽由来のスパイスの効いた味わいが特徴。

DATA
Lagg Corriecravie Edition
700ml　55度

037 入手困難度 ★★★
ロングロウ 16年　1974

通好みのヘビーなウイスキー

ピートのみで48時間乾燥させたフェノール値50-55ppmの麦芽を使用し、2回蒸溜で造られるヘビーでオイリーなキャンベルタウンシングルモルト。「ロングロウ1974」は希少価値が高く、特に16年ものは出会えたら奇跡。

DATA
Longrow 16 Years Old
750ml　46度

4章 買えても買えなくても飲んでみたいウイスキー100本

038 スプリングバンク ローカルバーレイ1966

入手困難度 ★★★

1990s

名産地キャンベルタウンの30年長期熟成もの

1977年から日本に登場。本品はシェリー樽ではなくバーボン樽熟成のバージョン。ここ10年くらいは、希少価値から価格が高騰しており、本品は現在オークションで60万円以上の値がつくことも。同じラベルで、ローカルバーレイ／シェリー樽熟成バージョン、瓶詰め年が異なるバージョンもある。

DATA
Springbank
Local Barley 1966
700ml 52.5度

ウイスキー豆知識④
古いウイスキーのコルクの扱い方

コルクが折れてしまったら、崩すなどしてなんとか栓を開ける。中に落ちたコルクのカスは茶こしなどで濾し、別のボトルのコルクなどで栓をする。

ブレンデッドスコッチ

039 入手困難度 ★

イ モンクス ストーンジャグ 特級

陶器のボトルは手作り

オフィシャルボトル。イモンクスは1836年に創業し、「イ（ye）」は定冠詞の「The」の古語、モンクは修道僧のこと。ストーンジャグ（陶器瓶）は1本1本手作りだという。当時の価格は12,000円。ピート香ののった穏やかで柔らかい味わいが楽しめる一本だ。

DATA Ye Monks A De Luxe Scots Whisky　Donald Fisher Ltd
750ml　43%

4章 買えても買えなくても飲んでみたいウイスキー100本

040 入手困難度 ★★

オールドパー ティンキャップ 1950s

政治家や財界の著名人から愛される

1950年代ボトリングのティンキャップ。明治時代に岩倉具視の欧米使節団が持ち込み、吉田茂、田中角栄などの著名人が愛飲したことでも知られている。昭和の洋酒ギフトとして重宝されていた。日本で大成功したブレンデッド・スコッチ。

DATA
Old Parr
De Luxe Scotch Whisky
Tin Cap
760ml　43度

041 入手困難度 ★

カティ12 特級

灯台を模したボトル

カティサーク号（帆船）の名前が由来。灯台を模したボトルが印象的。カティサーク用の原酒をいずれも12年以上熟成させてブレンドしたもの。ラベルの中央にあしらわれた帆船の中に「12」の表記があるものはさらに古い。

DATA
Cutty12 12 Years Old
750ml　43度

ブレンデッドスコッチ

042 入手困難度 ★★

グランツ25年 1887-1987 100周年記念 `1980s`

創業者の顔ボトルが目を引く

　創業者ウィリアム・グラントの顔をかたどっているボトルはインパクト大。ロイヤルドルトン社製。100周年記念、その後発売されたもの、後ろの取手が樽になっているもの、樽ではないものなど、同じ顔のボトルで数種類ある。オーク樽で25年熟成した一本。

DATA
Grant's 25 Years Old Very Rare Scotch Whisky 1887-1987 100th anniversary
750ml　43度

4章 買えても買えなくても飲んでみたいウイスキー100本

043 ★★ 入手困難度

グランツ21年 1980s

美しいボトルと21年熟成の
ロイヤルな味

　ボトルは世界最大の陶磁器メーカー・ロイヤルドルトン社製。当時の価格は5万円ほど。グラント城、人、動物などが立体的に描かれた陶器製のボトルが印象的だ。21年の長期熟成によるリッチな味わいが楽しめるブレンデッドスコッチウイスキー。

DATA
Grant's Aged 21 Years
750ml　40度

044 ★ 入手困難度

キングオブキングス
ストーンジャグ 特級

明治時代からある
プレミアムスコッチ

　日本には明治初頭から輸入され、オールドパーの姉妹品ウイスキーとして紹介されたという。特級時代の価格は18,000円ほど。ストーンジャグを模した陶器ボトルが印象的。

DATA　King of Kings Stone Jug
　　　　750ml　43度

ブレンデッドスコッチ

045 入手困難度 ★★★

ザ・ロイヤルハウスホールド 特級 JAPAN TAX

バッキンガム宮殿と日本のみ飲むことができるウイスキー

ブラック&ホワイトの上級品。英国王室御用達の証「THE」がついている（現在はついていない）。かつては英国王室、ローデルホテル、日本でしか飲むことができなかった。昭和天皇がまだ皇太子だった時代に王室からプレゼントされたことがあり、それ以来日本だけで特別に販売が許可されている。

DATA
The "Royal Household"
760ml　43度

ウイスキー豆知識⑤
ウイスキーは瓶でも熟成する？

ウイスキーは瓶では熟成されないというのが通説だった。しかし、同じ時期の同じ商品でも明らかに風味が異なっていると感じられることから、瓶の中でも熟成は起きていると考えられる。

4章 買えても買えなくても飲んでみたいウイスキー100本

046 ★★ 入手困難度

シーバスリーガル
チェアマンズリザーブ 25年 1980s

クリスタルデキャンタが
美しい最上級品

シーバスリーガルのスーパープレミアム品。スペイサイド・ストラスアイラ蒸溜所の25年以上の長期熟成原酒から造られた。スコットランドのスチュアート社製のクリスタルデキャンタに詰められた限定品で、日本では20万円で1980年代中頃に発売。

DATA
Chivas Regal
Chairman's Reserve 25 Years Old
750ml　43度

ウイスキー豆知識⑥
初めて行くバーは
準備万全に

初めて行く店の場合、インターネットなどでその店を調べることをおすすめする。メニューの種類やだいたいの価格帯などが把握でき、心構えができるので安心だ。

ブレンデッドスコッチ

047 ★ 入手困難度 　特級 JAPAN TAX
ジョニーウォーカー ブラックラベル

1970年代のジョニ黒特級表示品

　1860年代に「オールドハイランド」からスタート、1908年にジョニーウォーカーのブランドを立ち上げる。個体差の多いウイスキーだが、760ml時代は一定のレベルを保っていることが多い。12年表記のあるなし、年代ごとに味わいが変わる。

DATA
Johnnie Walker
Black Label Extra
760ml　43度

048 ★ 入手困難度 　特級 JAPAN TAX
ジョニーウォーカー レッドラベル

ジョニ赤の1970年代流通品

　世界No.1スコッチウイスキーとして長年君臨している「ジョニ赤」の特級表示品。スコットランド東海岸のライトなウイスキーと、西海岸のピーティなウイスキーのブレンドのバランスがよく、はちみつのような甘味が味わえる。

DATA　Johnnie Walker Red Label
　　　　 760ml　43度

4章 買えても買えなくても飲んでみたいウイスキー100本

049 ★ 入手困難度

スウィング 特級

**760ml、43度を
選ぶことをおすすめ**

　ここ10年に数十本は購入、開封しており、外すことない安定安心の逸品。760ml、43度が超おすすめ。1960年〜70年代初めに流通していたコルク栓仕様のスウィングに当たれば最高だが、個体差はある。750ml、43度、特級ないし特級相当品も外すことはない。1990年代に入り、プラスチックキャップになると、まずまずレベルに。

DATA
Johnnie Walker Swing
760ml　43度

050 ★ 入手困難度
スコシアロイヤル 特級

グレンスコシアらしい味わい

キャンベルタウンにあるグレンスコシア蒸溜所の12年ものをベースに造られたブレンデッドスコッチウイスキー。当時の価格は5,000円。ラベルは、ファーガス1世の旗じるし「黄金の鷲」が描かれている。

DATA Scotia Royale 12 Years Old
760ml 43度

051 ★ 入手困難度
ダンヒル オールドマスター 1980s

通常書体のブランド名がレア

本品は1980年代に発売したもので、まだラベルにダンヒルのブランドロゴが使われていない。12年から20年の熟成モルト40種類以上を使用し、香り高くマイルドに仕上げている。当時の価格は3万円。

DATA Dunhill Old Master
750ml 43度

052 ★ 入手困難度
パスポート 特級 JAPAN TAX

通行証のデザインがおしゃれ

シーバスリーガルファミリーとして1968年に誕生したブランド。ラベルデザインは、古代ローマ時代の通行証が元になっている。

DATA Passport Scotch
750ml 43度

ブレンデッドスコッチ

4章 買えても買えなくても飲んでみたいウイスキー100本

053 入手困難度 ★
ハロッズ12年 特級

樽由来のしっかりした骨格の口当たり

ロンドンの高級老舗百貨店「ハロッズ」のプライベートブランド商品。当時の価格は8,500円。1970年代は白いラベルだったが、80年代にはやや緑がかった黒ラベルに変わった。12年のほか、15年、21年も並行してリリースされた。樽感が強いどっしりとした味わい。

DATA
Harrods 12 Years Old
760ml 43度

054 入手困難度 ★ 特級 JAPAN TAX
ハンドレットパイパー

517種の試作ブレンドから選び抜いた品

1972年8月に麒麟麦酒とシーグラムグループの合弁会社キリン・シーグラムが誕生したが、本品は合併以前の商品で1965年に発売。キーモルトはシーバスリーガル同様、ストラスアイラ、グレンキース、そしてグレンリベットやロングモーン、グレングラントなどと推測される。

DATA
100 Pipers
750ml 43度

055 入手困難度 ★
ピンチ 特級

ブレンデッドのビッグファイブ

ジョニーウォーカーやホワイトホースなどと並んで「ブレンデッドウイスキービッグファイブ」と呼ばれるヘイグの上級品が本品。80年代後半流通品で、当時の価格は7,500円。その後はブランド名が「ディンプル」に統一されて、現在に至る。

DATA Pinch 760ml 43度

ブレンデッドスコッチ

056 ★★ 入手困難度

バランタイン30年 特級

スコッチウイスキーの代名詞といえる一本

　バランタイン30年は、年代によりボトル、ラベル、裏ラベルの有無、など多種存在する。年代を見分けるにはさまざまな見方があるが、特級表記であれば1980年代に流通したとわかる。バランタイン30年が誕生した1937年には、バランタイン17年も誕生している。1980年代当時の価格は8万円ほど。

DATA
Ballantine's
Aged 30 Years
750ml　43%

4章 買えても買えなくても飲んでみたいウイスキー100本

057 ★ 入手困難度

バランタイン17年 シグネチャー エディション2000

ミレニアム限定品

「ザ・スコッチ」と評されるバランタイン17年。厳選されたモルト原酒とグレーン原酒を数十種ものブレンドしており、原酒それぞれの個性が生み出す複雑で奥深い味わいが楽しめる。本品は西暦2000年の節目に限定発売したミレニアム記念ボトル。当時の価格は11,180円。

DATA
Ballantine's 17 Years Old
Signature Edition Millenium 2000 750ml　43度

058 ★★★ 1950s 入手困難度

ブラック&ホワイト

王室から大衆まで 幅広く愛される

「ウイスキー男爵」と呼ばれたジェイムズ・ブキャナンが1884年「ブキャナンズブレンド」というウイスキーを発売。黒いボトルに白いラベルから「ブラック&ホワイト」の愛称で親しまれた。1904年愛称を正式なブランド名に。本品は1950年代の瓶詰め品。

DATA
Black & White
760ml　43度

059 ★ 入手困難度　特級

プレジデント スペシャルリザーブ

オールドパーの 上位ウイスキー

オールドパーと原酒を同じくするブレンデッドウイスキーで、その中でも上位に位置づけられていた。グレンダランのモルトを中心に重厚な仕上がりになっている。当時の価格は1万円。12年表記があるものとないものがあるが、表記なしのものが古い。

DATA
President Special Reserve
De Luxe Scotch Whisky
760ml　43度

ブレンデッドスコッチ

060 入手困難度 ★
ホワイトヘザー バグパイパー `1980s`

バグパイプ奏者のボトルはインパクト大

特級相当品で1980年代に流通していたもの。当時でも珍しいバグパイパーの形の陶器ボトルが印象的。アベラワーのモルトをキーモルトにしているホワイトヘザー。当時の価格は12万円。土を思わせるピートとリッチなシェリー感が味わえる。

DATA
White Heather
750ml　43度

061 入手困難度 ★★
ヘーゼルウッド21年

まさにプレミアムな味わい

ウィアムグラント社のプレミアムブレンデッドスコッチウイスキー。シングルモルトではほとんどお目にかかることがない、キニンヴィー蒸溜所のモルト原酒をキーモルトに、同社のガーバン蒸溜所のグレーン原酒をブレンドして造られている。

DATA
House Of Hazelwood Aged 21 Years
500ml　40度

4章 買えても買えなくても飲んでみたいウイスキー100本

062 入手困難度 ★
ベル デキャンタ 1980s

社名にちなんだベル型ボトル

20年以上のウイスキーをブレンドした最高級品で、社名のベルにちなんだ鈴の形の陶器ボトルが可愛らしい。当時の価格は25,000円だったが、現在は安価で流通している。コルク栓が劣化しているものが多いがウイスキー自体には問題ない。格安なので試してみるといいだろう。

DATA
Bell's decanter
750ml　43度

ブレンデッドモルトスコッチ

063 入手困難度 ★
カティサーク ブレンデッドモルト

モルトのみをブレンドしたウイスキー

カティサークに使われているモルトウイスキーだけをブレンドしたブレンデッドモルト。グレンロセス蒸溜所、ザ・マッカラン蒸溜所、ハイランドパーク蒸溜所の原酒が使われている。モルトのみをブレンドしているので、グレーンをブレンドしたブレンデッドウイスキーではない。

DATA
Cutty Sark Malt
700ml　40度

ブレンデッドスコッチ

064 　入手困難度 ★　

ホワイトホース

日本で一番売れている
スコッチウイスキー

　ホワイトホースは「ブレンデッドウイスキービッグファイブ」のひとつで、日本でも人気の銘柄で級別制度がある時代から流通していた。黒澤明監督が愛した銘柄としても知られる。本品は1974年3月31日以前に流通していた、正規代理店の品。当時の価格は3,300円から4,150円。

DATA
White Horse
760ml　43度

ウイスキー豆知識⑦

注文するときは
ボトルの中の量に注目

　「ボトルの中の量が少ない方が人気があっておいしい」と思っていないだろうか。それは間違い。量が少ない＝多くの空気に触れているため、ウイスキーが変化してしまっている可能性が高い。なるべく量が多いものを選ぶのがおすすめ。

4章 買えても買えなくても飲んでみたいウイスキー100本

065 入手困難度 ★★★

ホワイトホース 1960s

1960年代の名ブレンデッドスコッチ

　1960年代の流通品。1960年代後半まではコルクのキャップに金属製の留め具を使う「ティンキャップ」が使われている。また、1970年代には味をライトタイプに変えたが、本品はその前の「雑酒時代」の品。特級＋ジャパンタックスシール付きのものは若干流通しているので探してみて。760ml、43%がおすすめ。

DATA
White Horse　760ml　43度

066 入手困難度 ★

ザ レイクス ナンバー5

WWAで世界最高賞受賞！注目蒸溜所

　2014年イングランドに誕生したレイクス蒸溜所。「ワールドウイスキーアワード2022」で世界最高賞を受賞した『No.4』の次のシリーズ。スパニッシュとアメリカンオークのオロロソ、ペドロヒメネス、赤ワイン樽で熟成しており、樽の深いコクと豊かな熟成感が味わえる。

DATA
The Lakes The Whiskymaker's Reserve No.5
700ml　52度

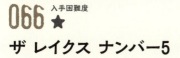

シングルモルトイングリッシュ

アイリッシュ

067 入手困難度 ★★
タラモアデュー12年 特級

アイリッシュの特級フラゴンボトル

陶器ボトルのブレンデッドアイリッシュウイスキー。本品は明治屋による輸入品。1970年代にはサントリー取り扱いになるので、それ以前の品だとわかる。

DATA
Tullamore Dew
12 Years Old
750ml　43度

4章 買えても買えなくても飲んでみたいウイスキー100本

068 ジェムソン シングルポットスチル
入手困難度 ★

樽の組み合わせが面白い

ジェムソンから古典的ウイスキー（造り方）といわれるシングルポットスチルウイスキーが発売。モルトと未発芽大麦を原料に、ポットスチルで3回蒸溜。バーボン樽、シェリー樽、3種類の異なるヴァージンオークを使用している点も興味深い。

DATA
Jameson Single Pot Still
700ml　46度

069 ウォーターフォード ザキュヴェ
入手困難度 ★

テロワールを最重要視した蒸溜所

ウォーターフォード蒸溜所は、テロワールにこだわった新しい蒸溜所。「世界で最もユニークで複雑な奥深いシングルモルトを造り出す」というコンセプトのもと、25カ所の農場から造ったシングルファーム原酒をブレンドしている。原料から造り方までスペックを発表している点も今どきである。

DATA
Waterford The Cuvée
700ml　50度

165

アメリカン

070 入手困難度 ★★
プラットバレー8年 特級

まろやかでコクのある味わいのコーンウイスキー

　1978年ボトリングのストーンジャグ。88%のトウモロコシを使っている。3年ものはあるが、ストレートコーンウイスキーの8年ものはとても珍しい。通常コーンウイスキーは樽熟成が必須ではない。そのため、46年間瓶熟を経ているコーンウイスキーは大変珍しい。

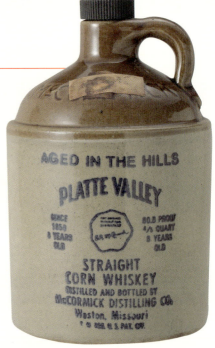

DATA
Platte Valley Stone Jug
750ml　40度

071 入手困難度 ★
ウエストランド アメリカンシングルモルト

アメリカの蒸溜所が造るシングルモルト

　ウエストランドは、アメリカンでシングルモルトを造る数少ない蒸溜所。ワシントン州産の大麦で8割を構成する5種類の大麦麦芽と、アメリカンオークの新樽を含む5つの樽を使用して最短40カ月熟成したこだわりのシングルモルト。

DATA　Westland American Single Malt Whiskey
　　　　　700ml　46度

4章 買えても買えなくても飲んでみたいウイスキー100本

072 ジャックダニエル 200周年記念
入手困難度 ★★★ 1990s

テネシー州制定記念ボトル

1796年にテネシー州制定200年を記念して1996年に発売したウイスキー。1896年の100周年を記念した際に発売したツイストネックボトルを再現しており、螺旋状が美しい。ジャックダニエルの黄金のアルコール度数45度で瓶詰めされている。

DATA
Jack Daniel's Bicentennial 1796-1996
750ml　45度

073 ジョージディッケルNo.8
入手困難度 ★ 1980s

テネシーウイスキーを飲むならこれ

特級相当。80年代から90年代初めに流通したものだが、流通経路は不明。当時の価格は8,500円。ジャックダニエルのよきライバルといわれるテネシーウイスキーのジョージディッケル。ジャックダニエルと比べて飲んでみたい。

DATA
George Dickel Tennessee Old No. 8 Brand
750ml　45度

074 I.W.ハーパー12年
入手困難度 ★ 1990s

世界初の12年熟成バーボン

流通経路は不明だが、90年代流通品と思われる。当時の価格は1万円。当時は大麦とライ麦の使用比率が高かった。80年代の高級品である長期熟成ものの人気ブランドを楽しむならおすすめの一本。「ハーパー12年」は2022年に終売したが、2024年7月に復活した。

DATA
I.W.Harper 12 Years Old
750ml　43度

アメリカン

075 ★★★ 入手困難度
エヴァンウイリアムズ23年 1980s

日本のバーボンブームに向けた商品

　日本がバーボンブームだった1989年に発売した、日本向け限定商品。1966年蒸溜の希少な初期バージョン。当時の価格は2万円と高価で、アルコールが強いと感じた。バーボンを超越したウイスキーという印象があった。

DATA　Evan Williams 23 Years Old
　　　750ml　53.5度

076 ★★ 入手困難度
ジムビーム 100マンス 1970s

100カ月熟成のユニークなボトル

　1974年に発売の100カ月熟成バーボン。1980年代にアメリカで多数発売されたユニークなボトルのひとつ。当時このようなファンシーボトルは2万円前後で売られていた。ボトルを見ながら当時を楽しむのも一興だろう。

DATA　Jim Beam 100 Months Old
　　　750ml　40度

077 ★★ 入手困難度
ジムビーム 200周年記念 1795-1995

ジムビーム好きは要チェック

　1795年に創業したジムビームの誕生200周年を記念して特別限定発売したボトル。ニッカウヰスキーが1995年に発売した。75カ月にも及ぶ熟成を経た秘蔵バーボンはぜひ飲んでほしい。味わいはなめらかでマイルド。

DATA　Jim Beam 1795-1995
　　　200 th Anniversary
　　　750ml　40度

168

4章 買えても買えなくても飲んでみたいウイスキー100本

カナディアン

078 入手困難度 ★★
カナディアン クラブ ゴールドボトル 6年 1970s

カナディアンウイスキーの先駆者

「C.C.」の愛称で親しまれ、日本でも明治42年には輸入されていた。1898年以来、英国王室御用達。本品は、蒸溜年1971年、流通年は1977年と想定される。70年代蒸溜のオールドカナディアンウイスキーはおいしさが期待でき、おすすめ。

DATA
Canadian Club Gold
6 Years Old 750ml 43.4度

079 入手困難度 ★
シーグラムクラウンローヤル 1970s

まさにロイヤルな格調高い味

クラウンローヤルは、イギリス王国ジョージ6世への献上品として誕生したブランド。今はなき、シーグラムブランドの名前がついているので古いことがわかる。60年代蒸溜はなかなか出会えないシーグラム社のプレミアムカナディアンウイスキー。

DATA
Crown Royal
Fine De Luxe
750ml 40度

080 入手困難度 ★
シーグラムV.O. 特級

ライ麦の穀物感と個性的な香りが特長

1968年に蒸溜されたもので、60年代蒸溜は貴重な品。本品は1974年頃に流通したもの。商品名の「V.O.」とは「自分専用」をお意味する「Very Own」の略称。トウモロコシとライ麦を原料にしており、甘みのあるライトボディが飲みやすい。

DATA
Seagram's V.O.
750ml 40%

シングルモルト日本

081 入手困難度 ★★★
イチローズモルト エースオブ・クラブス

カードシリーズの人気商品

　2000年蒸溜、2012年ボトリング。54種類ものラインナップを誇る「イチローズモルトカードシリーズ」のひとつ。ホグスヘッドで熟成を経たのち、ミズナラ樽で追加熟成を行っており、バニラ香とキャラメルのようなフレーバーが楽しめる。

DATA 700ml 59度

082 入手困難度 ★★★
サントリー山崎 オーナーズカスク1995

モルト原酒を樽ごと販売

　2004年11月から販売を始めたオーナーズ・カスク・シリーズ。「世界でただひとつの味わいを樽ごと所有する」というスケールの大きい販売で、樽ごと販売するというのは世界初の画期的な企画。本品はシェリー樽熟成品。価格はヴィンテージにより異なる。

DATA 700ml 61度

083 入手困難度 ★★★
サントリー白州 ヴィンテージモルト1981

20年貯蔵のこだわりヴィンテージモルト

　本品は1981年蒸溜、2004年ボトリング。スパニッシュオークでの長期熟成ウイスキー。1979年から1995年までの各蒸溜年ごとに数量限定でシングルモルトウイスキーを販売しており、中でも本品1981は人気が高い。今ではかなり希少な品で、50万円以上の値がついている。

084 入手困難度 ★★★

ニッカウヰスキーシングルモルト
宮城峡 1988 20年

宮城峡モルトならではの華やかで深みのある香り

1988年（昭和63）年に蒸溜した4タイプのモルトウイスキーから厳選し、バランスを重視して丁寧にヴァッティング。アルコール度数は宮城峡モルトの特長を引き出す50度で瓶詰めされた。限定3500本で発売した大変希少なウイスキーで当時は2万円だったが、今では100万円以上の値がついていることもある。

DATA
700ml 50度

DATA
700ml 50度

シングルモルト日本

085 入手困難度 ★★★
ニッカウヰスキー
シングルモルト余市1988 20年

**余市蒸溜所20年貯蔵
シングルモルト**

　1988（昭和63年）年に蒸溜した5タイプの長期熟成モルトを厳選し、バランスを重視して丁寧にヴァッティング。アルコール度数も樽出し度数に近い55度で瓶詰めした。20年貯蔵のボリュームある香りと深い味わい。限定3500本で発売し、当時は2万円だったが、今では100万円以上の値がつくこともある貴重品。

DATA
700ml　55度

4章 買えても買えなくても飲んでみたいウイスキー100本

086 入手困難度 ★★
シングルモルト嘉之助 2023 LIMITED EDITION

焼酎カスクを使用したウイスキー

「メローコヅル」などの焼酎で有名な小正醸造が手がけるシングルモルト。ピート麦芽で仕込み、焼酎リチャーカスク・シェリーカスクにて熟成した原酒をメインに、複数の樽をヴァッティング、カスクストレングスでボトリングしている。

DATA 700ml 59度

087 入手困難度 ★★
シングルモルト駒ヶ岳屋久島エージング bottled in 2019

屋久島で熟成した希少なモルト

2015年に蒸溜し、世界自然遺産の屋久島で熟成したシングルモルト。ピート由来の香りと、ビターチョコ・コーヒーといったシェリー樽由来の濃く甘い香りが重厚感のある印象を作っている。蒸溜所と熟成場所の違いを明記しているところは珍しい。限定1760本で販売した。

DATA 700ml 58度

088 入手困難度 ★★
ニッカウヰスキー シングルモルト余市 海底熟成酒

海底熟成酒というひと味違う試み

北海道海洋熟成が行う海底熟成プロジェクト。ニッカウヰスキーの「シングルモルト余市」など、余市産の酒を海底で13カ月熟成する。酒瓶は海水が入らないよう蜜蝋で固め、プラスチックケースに入れて沈める。海に沈めたことによる酒の味の変化が楽しめる。

DATA 700ml 40度

173

シングルモルト日本

089 入手困難度 ★★★
イチローズモルト
ザファイナルヴィンテージオブ羽生

羽生蒸溜所の最後の原酒を使用

　ベンチャーウイスキーの創業者、肥土伊知郎の生家である東亜酒造が所有していた羽生蒸溜所。羽生蒸溜所が操業停止した2000年に蒸溜された原酒のうち、15年熟成したもののみをヴァッティング。秩父の地で10年間パンチョン樽で熟成させ、2010年にボトリングした。

DATA　700ml　46.5度

090 入手困難度 ★★
イチローズモルト秩父
レッドワインカスク2023

赤ワイン熟成樽の樽香が心地よい

　秩父蒸溜所初のワインカスク。フランス、アメリカ、ニュージーランド、日本とさまざまな地域のワイン樽を使用し、複雑な個性をウイスキーに与えている。ワインカスク特有のベリー感と少しビターなフルーティーさを味わえる逸品。

DATA　700ml　50度

4章 買えても買えなくても飲んでみたいウイスキー100本

091 入手困難度 ★★

厚岸ヴァッテッドモルトウイスキー「鹿の通り道」

ブレンデッド日本

「ヴァッテッド」に込めた厚岸蒸溜所の思い

厚岸蒸溜所初のヴァッテッド・モルトウイスキー。「ヴァテッド」はブレンデッドウイスキーの昔ながらの呼び名で、あえてこの呼び方にしているのはスコットランドの伝統製法で造ることへの厚岸蒸溜所のこだわりが表れている。4社によるプロデュースの1,104本の超限定品。

DATA
700ml　52度

ウイスキー豆知識⑧
初めて行くバーはホテルがおすすめ

初めてバーに行くときは、店選びも大切。信頼できる知人や友人などから紹介してもらうと安心だ。また、ホテルのバーは必ずオフィシャルサイトもあるので下調べがしやすくおすすめ。

シングルモルト日本

092 ★★ 入手困難度

サントリーシングルモルト ウイスキー山崎 Story of the Distillery 2024 EDITION

毎年発売される限定シングルモルト

　ミズナラ樽原酒やスパニッシュオーク樽原酒をはじめ、「山崎」らしい多彩なモルト原酒をブレンド。毎年発売される限定品なので、年ごとに異なる味が楽しめる。以前の「リミテッドエディション」から2024年に名称が変更された。濃厚な甘さと複雑で芳醇な香味が広がる。

DATA
700ml　43度

DATA
700ml
43度

4章 買えても買えなくても飲んでみたいウイスキー100本

093 ★★ 入手困難度
シングルモルト日本ウイスキー静岡 ポットスティルK 純日本大麦初版

日本産大麦麦芽のみを使用したシングルモルト

ファーストリリース「プロローグK」の流れを汲む「K」第2作。日本産大麦のみを100%原料にした特別なウイスキー。2022年に国内2500本限定で発売した。日本産大麦限定というのが珍しい試みだが、今後日本の蒸溜所で増えることを期待する。

DATA 700ml 55.5度

094 ★★ 入手困難度
サントリー シングルモルトウイスキー 白州 Story of the Distillery 2024 EDITION

森の蒸溜所が造る限定ボトル

軽やかなスモーキータイプの白州モルトをバーボン樽で熟成させた原酒のみを厳選し、丁寧にブレンド。「山崎シングルモルト」と同様、毎年発売される限定品で、毎年異なる味が楽しめる。バニラクリームのような甘さとトロピカルなニュアンスが楽しめる。

095 ★★ 入手困難度
サントリー響 21年

ブレンデッド日本

贅沢なサントリーの原酒のハーモニー

山崎蒸溜所の長期熟成モルトを中心に厳選してブレンド。フルーティーかつ甘美な香り、重厚なコクが味わえる。今は手に入りにくくなったが、日本を代表するブレンデッドジャパニーズウイスキー。

DATA
700ml 43度

ブレンデッド日本

096 入手困難度 ★
サントリーウイスキー オールド 特級

庶民の憧れの的のウイスキー

1940年に誕生したものの、戦時中だったため発売したのは1950年。角瓶よりも高級なウイスキーとして庶民の憧れの存在だったが、経済成長とともに少しずつ市民に普及し、「だるま」の愛称で親しまれた。ラベルにDISTILLERY AT YAMAZAKI OSAKAの記載があるのは珍しい。

DATA 760ml 43度

097 入手困難度 ★
サントリー角瓶 特級

特級時代のサントリー角瓶

1937年亀甲模様の瓶の高級ウイスキー「サントリーウヰスキー12年」として誕生。現在もサントリーの代表的なウイスキーのひとつだが、本品は特級表示があるため1989年以前のウイスキー。特級時代の角瓶と現在の角瓶を飲み比べてみると味の違いが楽しいはず。

DATA 720ml 43度

4章 買えても買えなくても飲んでみたいウイスキー100本

フィンランド・イスラエル

フィンランド

098 入手困難度 ★

キュロ モルト オロロソ

サウナから始まった
ウイスキー蒸溜所

　キュロ蒸溜所は、フィンランドに新たにできたライウイスキー蒸溜所。フィンランド産の全粒ライ麦を原料に、オロロソシェリー、ニューアメリカンオーク、EXバーボンバレルの3つの樽を使用している。ライ麦パンのような甘みとスパイシーな味わい。

DATA Kyro Malt Rye Whisky Kyrö Malt Oloroso　700ml　47.2度

イスラエル

099 入手困難度 ★

M&Hエレメンツレッドワインカスク

イスラエル初の注目蒸溜所

　2014年に蒸溜を開始し、知名度はまだ低いイスラエルのTHE M&H蒸溜所だが、「東京ウイスキー＆スピリッツコンペティション（TWSC）2023」で金賞を受賞したこともあり、今注目のブランド。本品はイスラエル産赤ワイン樽を使用し、スパイシーで独特の風味を味わえる。

DATA M&H Elements Single Malt Whisky Red Wine Cask　700ml　46度

台湾

100 入手困難度 ★

カバランソリスト
オロロソシェリー
シングルカスクストレングス

受賞歴多数！カバランの情熱的なシングルカスク

　2005年に設立した台湾の蒸溜所で、世界5大ウイスキー以外でレベルが高い蒸溜所といえばカバランだろう。まず2009年に発売したソリスト（樽出し）シリーズを楽しんでみることを薦める。特に本品は、長年使用したスペイン産オロロソシェリー樽による芳ばしい香りと、リッチな味わいが楽しめる一本。

DATA Kavalan Single Malt Whisky
Oloroso Sherry Cask Solist
700ml　58.6度

ウイスキー豆知識⑨

オーダーでは
自分の好みを伝える

自分の好きな味や香り、普段よく飲むお酒など自分の好みを伝えることが何より大事。初心者で自分の好みがわからなかったら、軽いタイプのウイスキーから始めるのがおすすめ。

5章

ウイスキーの造りを知る

ウイスキーの分類

原料による分類

大麦麦芽

- **モルトウイスキー**
  大麦麦芽のみを原料として造られるウイスキーのこと。基本は単式蒸溜器で蒸溜される。蒸溜の過程でさまざまな成分が生まれるため、複雑な香味といわれる。

  原料：大麦麦芽のみ　蒸溜：単式蒸溜器

穀物

- **グレーンウイスキー**
  トウモロコシ、小麦、大麦麦芽などの穀物を原料として、連続式蒸溜機で蒸溜される。香味は控えめでシンプル。

  原料：トウモロコシ、小麦などの穀物　蒸溜：連続式蒸溜機

- **ポットスチルウイスキー**
  大麦麦芽と未発芽の大麦などを原料にして、単式蒸溜器で3回蒸溜される。オイリーな香味がある。

  原料：大麦麦芽＋未発芽大麦など　蒸溜：単式蒸溜器

アメリカでは

- トウモロコシ
  - **バーボンウイスキー**　原料に51％以上のトウモロコシを使い、内側を焦がした新樽で熟成させたもの。
  - **コーンウイスキー**　原料に80％以上トウモロコシを使ったウイスキー。
- ライ麦 ── **ライウイスキー**　原料に51％以上ライ麦を使い、内側を焦がした新樽で熟成させたもの。
- 小麦 ── **ホイートウイスキー**　原料に51％以上小麦を使い、内側を焦がした新樽で熟成させたもの。
- 大麦麦芽 ── **モルトウイスキー**　原料に51％以上大麦麦芽を使い、内側を焦がした新樽で熟成させたもの。大麦麦芽100％の場合シングルモルトウイスキー。

5章 ウイスキーの造りを知る

造りによる分類（スコッチタイプ）

単式蒸溜器で造られたウイスキー

シングルモルトウイスキー

ひとつの蒸溜所で製造されたモルト原酒のみをボトリングしたものを指す。ひとつの樽のウイスキーだけを瓶詰めしたものがシングルカスク。

例 ザ・グレンリベット、グレンフィディック、グレンモーレンジィ、ザ・マッカラン サントリー山崎、白州 など

ブレンデッドモルトウイスキー

複数の蒸溜所のモルト原酒をブレンドしたウイスキーのこと。ヴァッテッドモルトともいわれた。個性ある原酒をブレンドして新たな個性が生まれる。

例 モンキーショルダー、ジョニーウォーカーグリーンラベル、ビッグピート など

上記2つの総称として…

モルトウイスキー

原料に大麦麦芽のみを使用するウイスキー。モルト（大麦麦芽のこと）を発酵させたもろみを単式蒸溜器で2～3回蒸溜して造られる。モルトウイスキーはブレンデッドウイスキーの味のポイントという位置づけで、20世紀半ばまで蒸溜所からの正規品であるオフィシャルボトルはなかった。

連続式蒸溜機で造られたウイスキー

グレーンウイスキー

トウモロコシや小麦などを主原料とする。連続式蒸溜機で蒸溜され、純度が高く、香味は控えめ。大量生産が可能なため、モルトと比べて安価である。

例 シングルグレーンウイスキー富士、サントリーウイスキー 知多、ニッカカフェグレーン

ブレンデッドウイスキー

複数のモルト原酒とグレーン原酒を合わせたもの。原酒の種類や配合割合によって味や香味が変化し、さまざまな好みに対応できる。

例 ジョニーウォーカーブラックラベル、ホワイトホース、バランタイン、シーバスリーガル、サントリーウイスキー 響

ウイスキーができるまで
（モルトウイスキー）

1 原料を収穫する（大麦）

原料となるのは大麦のみ。大麦は、デンプン質の多い二条大麦がおもに使われている。

2 製麦（発芽させる）

大麦を発芽させ、大麦麦芽にする作業。床いっぱいに大麦を広げて撹拌するのが伝統的な手法。適度に芽が伸びたら乾燥し、発芽を止める。現在では専門業者が行うことが多い。

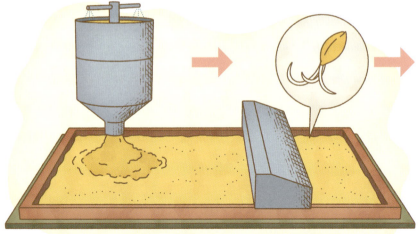

5章 ウイスキーの造りを知る

3 麦芽を粉砕（グリスト）

発芽した大麦麦芽はごみや異物を取り除いた後に大中小に粉砕される。粉砕されたものをグリストと呼ぶ。大中小のバランスは基本的に2対7対1。

ハスク（大粒）
ハスクは穀皮が残ったもっとも大きい粒。もろみにおいて、主にろ過層としての役割がある。2割程度。

グリッツ（中粒）
グリッツは中くらいの粒で麦汁の中でもっとも多く含まれ7割程度。

フラワー（粉）
フラワーは粉状に挽いたもの。1割程度。旨味が多く出るが、あまり多いとろ過されてしまう。

4 一定の割合で粉砕麦芽と湯を糖化槽に入れる

粉砕した麦芽を上記の割合で混ぜ合わせ、温水を3～4回に分けて加え、大麦麦芽の酵素でデンプンを糖に変化させる。この作業をマッシングという。

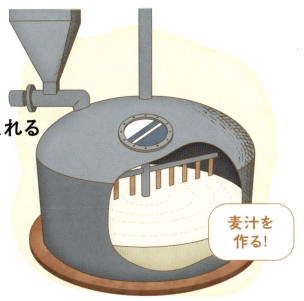

麦汁を作る!

5 麦汁と酵母を発酵槽へ

ろ過した糖化液を、菌が活動しやすい20℃前後に冷却し、酵母を加える。酵母のはたらきにより発酵が進み、アルコール度数6〜7度のもろみに変化する。

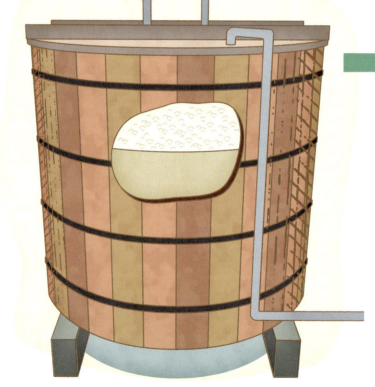

麦汁

大麦麦芽を温水と合わせる（マッシング）ことで、12〜13%の糖を含んだ液体が生まれる。この液体を麦汁または糖化液という。

酵母

酵母とは発酵を助ける菌の総称で、酒類全般で使用される。ウイスキーではディスティラリー酵母（蒸溜酒酵母）が主に使われる。

発酵槽で起きること

➡ 詳しくは200ページ〜

酵母が糖を食べることでアルコールが生まれ、もろみに変わっていく。発酵は「酵母増殖期」「発酵最盛期」「酵母死滅期」の3ステップにわけることができ、終了時には酵母は死滅しているが、取り除かれることなく次の工程へ進む。

5章 ウイスキーの造りを知る

6 蒸溜する

沸点の違いを利用し、加熱してアルコール分を濃縮する工程。単式蒸溜と連続式蒸溜があり、蒸溜所ごとに独自のノウハウがある（モルトは単式蒸溜）。

詳しくは204ページ〜

アルコール度数は上がる！

7 ニューポット（蒸溜したて）を樽へ

蒸溜したての蒸溜液は無色透明（これをニューポットと呼ぶ）。これを加水してアルコール度数を63.5度（蒸溜所によりさまざまな度数）に下げた後に木樽に詰めて熟成させる。木樽の種類はさまざま。バーボンでは新しい樽の内面を焦がしたもの、スコッチタイプではバーボンの空き樽などが使われ、これによりウイスキーの個性はかなり決まる。

少なくとも3年以上

➡ 詳しくは
210ページ〜

5章 ウイスキーの造りを知る

8 ブレンディングやヴァッティングする

モルトウイスキー
大麦麦芽のみを用いて造られたウイスキー。単式蒸溜器で蒸溜され、複雑な香味を持つ。キーになるウイスキー。

グレーンウイスキー
大麦麦芽以外の穀物も使用。連続式蒸溜機で蒸溜され、クリーンかつニュートラルで、いわばバランスをとるウイスキー。

単式蒸溜器

ブレンデッドウイスキー
モルト原酒、グレーン原酒ともに複数が使われ、ブレンダーの作ったレシピにのっとってブレンドされる。

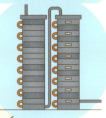

連続式蒸溜機

Chapter1
ウイスキーに使う原料

大麦麦芽（ザ・グレンリベット蒸溜所）

ウイスキーは穀物が原料。モルトウイスキーのように大麦麦芽しか使わないものもあるが、多くはさまざまな穀物が使用される。

ウイスキーには大麦麦芽のほか、トウモロコシ（コーン）や小麦（ホイート）、ライ麦などさまざまな穀物が使われるが、どのウイスキーにも大麦麦芽は使用される。というのも、穀物に含まれるデンプンはそのままでは酵母のエサにならず、糖に分解する必要がある（これを糖化という）。この糖化に不可欠なのが、大麦麦芽の酵素。大麦麦芽とは発芽させた大麦のことだが、そこに含まれる酵素によって穀物のデンプンは糖に変化するのだ。

モルトウイスキーに使われる大麦は、食用によく用いられる六条大麦ではなく、ビールにも使われている二条大麦。後者は前者に比べてタンパク質含有量が少なく、酵素力が弱い。そのほうが、均一に糖化できるとされ、酒類には二条大麦が用いられることが多い。

原料となる二条大麦は①粒が大きくそろう、②タンパク質の含有量が少ない、③殻が薄すぎたり厚すぎたりしないものがよいとされていることが多い。

また、バーボンウイスキーの原料の51％以上がコーンだが、その他の穀物（小麦やライ麦、大麦）もバランスを取りつつ加える。この配合をマッシュビルといい、蒸溜所により異なり、個性を生み出す元ともなる。

二条大麦と六条大麦

二条大麦は実る粒は少ないが大粒でタンパク質含有量が少ない。基本的に、酒類には二条大麦が使われるが、バーボンでは酵素力の強い六条大麦も用いられる。

穂を上から見ると2列に実がつくのが二条大麦（ザ・グレンリベット蒸溜所）。

5章 ウイスキーの造りを知る

ウイスキーの主な原料

大麦
穂の付き方の違いで六条大麦と二条大麦に分けられる。食用大麦のほとんどが六条大麦なのに対して、酒類では、一部を除き二条大麦が使われる。

大麦麦芽として使用
大麦を発芽させたものが大麦麦芽（モルト）。穀物のデンプンを糖に分解するために必要で、どのウイスキーでも使われる。

コーン
他の穀物とは違って、タンパク質、デンプン質ともに多く含まれているため、使用する割合を多くすると甘味の強い、マイルドな味わいになる。

ライ麦
コショウのようなスパイシーな香りをもたらす。アメリカやカナダで多く使用。

小麦
コーンのクセや甘味を和らげ、全体のバランスを整える働きがある。

■ 発酵に大麦麦芽は必要

アルコールは酵母が糖を食べることで生まれる成分。ぶどうを原料とするワインにはぶどう糖が含まれるため、糖化は必要ないが、穀物を原料とする酒類では糖化が原料に不可欠だ。ウイスキーではこの糖化を大麦麦芽の酵素で行う。

Chapter2
ウイスキーの プロセスウォーター

清冽な水は蒸溜所には不可欠
（白州蒸溜所）

水は味わいを左右する重要なファクターとなる。
浸麦や糖化にはミネラル豊富な天然水が使われる。

　プロセスウォーターとは大麦麦芽を発芽させる際に行う浸麦や、粉砕された麦芽に加えられる温水で用いられる水のこと。ウイスキー造りにとって、重要な役割を持ち、味わいを左右する側面があるともいわれている。

　プロセスウォーターにとって大切なのは①ミネラル分を多く含む天然水であること、そして②そのミネラルのバランスがよいことだ。

　糖化を促す酵素や発酵を助ける酵母の栄養分は水に含まれるミネラル分。酵素や酵母がよく働くためにはよい水が不可欠なのだ。

　もうひとつ大切なのが、加水に使われる水。ウイスキーは蒸溜時には単式蒸溜器で70度以上、連続式蒸溜機で90度以上にもなる。

　そのままではアルコール度数が高すぎるため、まず、熟成時に63.5度前後まで（加水することで）アルコール度数を落として樽に詰められる。出荷時も40～46度前後に度数は調整される。この加水で使われる水は、ウイスキーの香味を損なわないことが重要なため、ミネラル分の少ない、いわゆる精製水が使われることが多い。

ミネラル分の割合

プロセスウォーターの中でも麦汁に加えられる温水は重要。この水は酵母のエサになるカルシウム分が多いものがよいとされている。

水の硬度

硬度とは水に含まれるミネラルの量を表す言葉。プロセスウォーターで重要なのはミネラルのバランスなので、必ずしも硬水である必要はない。

5章 ウイスキーの造りを知る

製造工程での「水」の役割

ボウモア蒸溜所

大麦を発芽させるときの「水」

大麦を発芽させる際、まず12〜15℃の水に浸す。この水はミネラル分が豊富なものがよいとされる。なお、スコットランドではピートの層を通過した地下水を使用すると、ピート香が添加されると考えられている。

ベンロマック蒸溜所

大麦麦芽を糖化させるときの「湯」

穀物のデンプンを糖に変える酵母を助けるために、麦汁の仕込み水は（酵母のエサとなる）カルシウムが多いものがよいとされる。

> **湯温はさまざま**
> 粉砕麦芽に加える湯温は1回目が約65℃、2回目が70〜75℃、3回目には100℃近くと3回ともまったく異なる。

プーニ蒸溜所

蒸溜時のアルコール分（気体）を冷やして液体にするときの「冷却水」

蒸溜され気体となったアルコール分は冷却されて液体に戻る。現在は冷水が通る管でアルコール分を冷却するシェル＆チューブ式が主流で、アルコール分が通る管を一気に冷やすワームタブ方式は減りつつある。

加水してアルコール度数を調整するときの「精製水」

熟成される前の段階でニューポットは加水されて木樽に詰められる。その後、出荷時にもアルコール度数を調整するために加水される。このとき使われる水は、ウイスキーの香味を邪魔しない精製水が多い。

Chapter3
大麦麦芽の果たす役割

大麦のデンプンはそのままでは大きくて酵母のエサにならない。
まずは大麦を発芽して大麦麦芽にする必要がある。

　大麦は発芽させることで酵素が生成され、この酵素によって穀物に含まれるデンプンは糖へ変わる。結果、酵母が食べられる大きさになり、アルコール分が生まれる。この発芽した大麦麦芽をモルトと呼び、大麦をモルトに変える作業をモルティングまたは製麦という。

　モルティングは麦芽を水に浸けることから始まる。水に浸しては空気にさらすを繰り返し、小さな芽が出たら発芽室へ移動させる。発芽室では均等に芽が出るよう、4～6時間ごとにひっくり返して空気にさらす。この作業をフロアモルディングと呼ぶ。だいたい麦粒に対して3分の2程度まで伸びたところで一気に乾燥させ、水分を4～5％まで下げて、芽の成長を止める。この乾燥を行うのがキルン（乾燥塔）だった。キルンの上部は麦芽を敷く部屋、上階の床が細かいメッシュ状になっており、中央部には燃料が焚かれる燃焼炉があり、焚き上げる。このとき、ピートと一緒に炊くことでいわゆるピート香がつくが、麦芽に水分が残った状態でピートを焚くとピート香が強くなり、麦芽がある程度乾燥した状態でピートを焚くと控えめな香りとなる。

パゴダ屋根

キルンの象徴ともいえる三角屋根（パゴダ）は、大麦麦芽を燃焼したときに出る煙の通り口となっている。ただし、モルトスターの普及により、現在は製麦を行わずキルンを使っていない蒸溜所も多い。

麦焼酎とウイスキーの違い

ウイスキーは大麦麦芽の酵素で糖化発酵するが、麦焼酎は麹の力で糖化発酵する。同じ大麦を材料にしても、そこが大きく異なる。

5章 ウイスキーの造りを知る

大麦が麦芽になるまで

収穫 → 乾燥 → 保管 → 選粒 → 浸麦 → 発芽 → 乾燥 → 除根

大麦は水に浸す→空気にさらすを繰り返して発芽させる

収穫したての大麦の水分含有量は16〜20%だが、これを13%以下まで乾燥させて休眠。これを粒の大きさにより2〜3段階に分ける（選粒）。小さい芽が出るまで、水に浸す→空気にさらすを繰り返す。

フロアモルディング

低温多湿にした発芽室の床に大麦を並べ、攪拌して空気にさらしながら5〜7日かけて発芽させる。この攪拌作業をフロアモルティングという。

ピートで焚けばスモーク香がつく

大麦がある程度発芽したら成長を止めるため乾燥させるが、この際、ピートで焚くとスモーク香がつく。

フロアモルティング（スプリングバンク蒸溜所）

スモーク香はピートが元（ラグ蒸溜所）

■ 製麦は外注も多い→モルトスターの役割

現在、製麦を蒸溜所内で行うところはかなり少なく、モルトスターと呼ばれる外注に頼っている状況だ。乾燥時間やピートを焚く時間を細かく指示をし、モルトスターが製麦を行う。大手モルトスターの大麦麦芽は日本にも輸出されている。

COLUMN

ピートとピーテッドウイスキー

スコッチの魅力のひとつであるスモーキーフレーバー。この独特のフレーバーを生み出すのが「ピート」（泥炭）という泥炭だ。スコットランドでは伝統的にモルト（大麦麦芽）を乾燥させる工程で、ピートを熱源にしてきた。

ピートとは？

ピート（泥炭）とは、シダやコケ類、草などの枯れた植物が堆積したもので、主にスコットランドの北部で採取されている。スコットランドでは麦芽を乾燥する際に、このピートを一緒に焚きしめ、麦芽にピートの香りを移す。それを「ピーテッドモルト」、ピーテッドモルトを使ったウイスキーを「ピーテッドウイスキー」と呼ぶ。

ピートの種類によりスモーキーさは変わる

草花が多い地域のモルト
アロマティックで甘さを感じるスモーキーさが得られる。

ヘザー　　ゼラニウム

海藻などが主体のモルト
ミネラル由来のヨード香を伴った海の香りのするスモーキーさが得られる。

海　　貝

キルンとは？

発芽した大麦を乾燥させるための設備で、乾燥塔とも呼ぶ。細かい網目状の床に麦芽を広げ、燃料による熱風を四方から送って水分を飛ばす。この際、ピートを燃やした燻煙が麦芽に染み込むことで、特有のスモーク香が生まれる。

独特のパゴダ型屋根。

5章 ウイスキーの造りを知る

フェノール値とは何か

ピーテッドモルトには、ウイスキーのスモーキーな風味に関係しているといわれる「フェノール化合物」が含まれており、乾燥させた後の麦芽についたフェノール化合物の含有量を表す単位を「フェノール値（ppm）」という。一般的にライトピートは10ppm程度、ミディアムピートは25ppm程度、ヘビーピートは50ppm程度と言われている。

アイラはなぜスモーキー？

アイラ島は海に囲まれており、島の面積のうち1/4がピートで覆われている。アイラ島のピートはスコットランド本島とは異なるタイプであり、水もピート地層を浸透しているため、強いピート香やスモーキーさが生まれるといわれている。

ppmの数値とスモーキーさは比例しない

フェノール値「ppm」が大きいほど、スモーキーでクセの強いウイスキーという印象を抱きがちだが、必ずしもそうとは限らない。フェノール値は、多くの場合大麦麦芽の乾燥時に測定している。麦芽のフェノール値が高くても、発酵や蒸溜、熟成などその後の工程によって大きく変わる。多くの蒸溜所ではppmの数値の大きさではなく、その製造工程によって、自分たちの表現したいスモーキーさを作り上げているのだ。

Chapter4
大麦麦芽の糖化

糖化槽（山崎蒸溜所）

糖化とは大麦麦芽のデンプンを糖に変えること。
発芽によって呼び覚まされた酵素が温水と出会い、糖化が起こる。

大麦麦芽は粉砕され、それを温水と合わせることで、12〜13％の糖を含んだ液体が生まれる。これを糖化と呼び、糖化によって得られる液体を糖化液または麦汁と呼ぶ。

発芽した麦芽は、ゴミや異物を取り除いた後に粉砕される。このとき、粒が大きいと麦芽に含まれる成分が水に溶けにくく、小さければ旨味がこされてしまう。それゆえに、ハスク（大粒）、グリッツ（中粒）、フラワー（粉）の3段階で粉砕される。大中小の割合はだいたい2対7対1。この比率は基本は同じだが、温度や湿度、麦芽の条件で毎回微調整が行われる。ちなみに粉砕麦芽はあらかじめ混ぜた状態で糖化槽に投入される。

糖化のときに温水は3回に分けて加えられる。1回目は約65℃、2回目は70〜75℃、3回目は100℃近い。1回目は一番麦汁、2回目は二番麦汁、3回目は三番麦汁という。三番麦汁は発酵には使用されず、再利用され次回の仕込み水に再利用される。

なお、糖化を行う円柱形の糖化槽をマッシュタンといい、くまで型の機械でゆっくりと攪拌していく。30分ほどで甘い麦ジュースができあがる。

グリスト

グリストとは粉砕された麦芽のこと。粉砕した麦芽の殻は麦汁をろ過するときのフィルターの役割もする。

マッシュタン

グリストをお湯に溶かしてかき混ぜた液体をマッシュタンという。また、このとき使う糖化槽もマッシュタンと呼ばれる。

5章 ウイスキーの造りを知る

大麦麦芽が麦汁になるまで

尾鈴山蒸溜所

アベラワー蒸溜所

大麦を粉砕してグリストに
大麦麦芽は大粒、中粒、粉の3段階に分けて粉砕される。この粉砕された麦芽をグリストと呼ぶ。

発酵槽
湯とグリストを3回に分けて加える

1回目（約65℃）➡ 一番麦汁
約65℃の湯を加えた最初の麦汁を一番麦汁という。一番麦汁の糖度は20度くらいまで上がる。

2回目（70〜75℃）➡ 二番麦汁
70〜75℃の湯を加えた2回目の麦汁を二番麦汁という。二番麦汁の糖度は5度程度になる。

3回目（約100℃）➡ 三番麦汁
一番麦汁と二番麦汁の後に100℃近くの湯を注いだ三番麦汁は発酵には回されず、次の仕込みに使われる。

麦芽の酵素で大麦のデンプン質が糖に変わる＝糖化

大麦が発芽することで呼び出された酵素が、デンプンを糖の形に変化させ、酵母が食べやすい形にする。

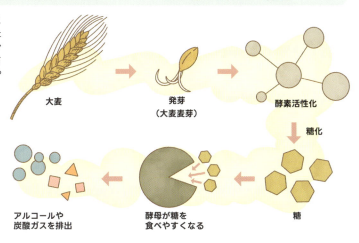

199

Chapter5
麦汁を発酵させアルコールに

木桶の発酵槽

糖化された麦汁は酵母が加わることで発酵し、アルコール成分が生成され、麦汁はもろみへと変わる。

　麦汁はウオッシュバックと呼ばれる発酵槽に移され、発酵を行う。このとき、カギとなるのが酵母。酵母は発酵を助ける菌の総称で、ウイスキーだけでなく、日本酒やワイン、ビールなど種類全般で使われる（202ページ参照）。

　酵母が糖を食べることにより、アルコール成分が生成され麦汁はもろみに変化する。このとき、発酵時間が短ければ酸味の少ないもろみとなり重厚なウイスキーになり、発酵時間が長ければ酸味の多いもろみになって軽快なウイスキーになる。発酵時間や酵母の種類だけでなく、発酵槽の材質の違いによってもウイスキーの味は変わってくる。

　発酵槽には木製とステンレス製があり、前者はオレゴンパインやカラマツで作られる伝統的な発酵槽。乳酸菌などの微生物も活発に活動し複雑な香味が生まれる反面、菌が増殖しやすく管理が困難な場合がある。一方、ステンレス製は安定した状態で発酵が行われる。洗浄も容易なので、微生物の管理もしやすい。その分、複雑な香味が生まれにくいという面があるが、木製のものに比べて外部からの影響を受けにくく安定した酒質となる。

発酵で生じる成分
発酵では揮発性のアルコールや脂肪酸類、香りの元にもなるエステル類などが生じる。不揮発性成分としてアミノ酸やタンパク質、ポリフェノールなども得られる。

発酵槽
発酵槽は伝統的な木製とステンレス製がある。前者は複雑な香味が出やすいともいわれるが、後者のほうが管理がしやすいという利点がある。

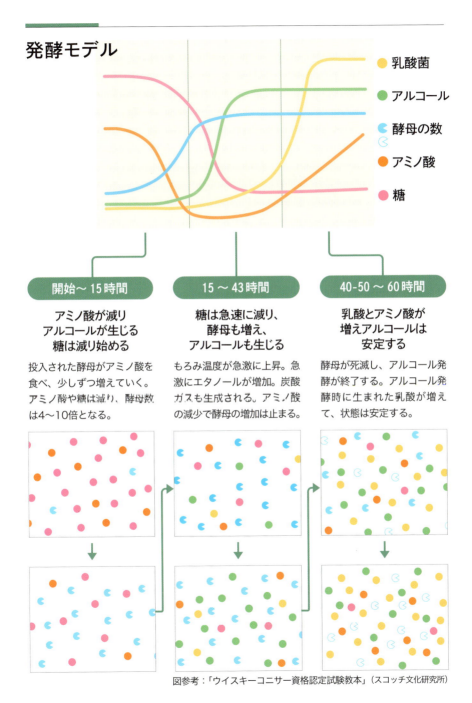

図参考:「ウイスキーコニサー資格認定試験教本」(スコッチ文化研究所)

Chapter6
ウイスキーの酵母

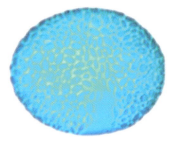

ウイスキー酵母

発酵槽の中では微生物による生命活動が行われる。
そのカギとなるのが酵母。酵母によりアルコールが生まれる。

　ウイスキーで使われる酵母はディスティラリー酵母と呼ばれるもので、ビールで使われるビール酵母に比べ、発酵時間は短いのに高アルコールかつクリーンなもろみとなる。

　酵母は空気中にある場合は糖を炭酸ガスと水に分解するが、酸素のない状態では糖を炭酸ガスとアルコールに分解する。これを利用したのがアルコール発酵で、水中にある酵母は見えないが、発酵が進むと肉眼でもはっきり見えるようになる。発酵を開始すると、まず液量が減り温度が上昇する。発酵終わりには酵母と入れ替わるように乳酸菌が増えていく（201ページ参照）。乳酸菌は酵母が分解しきれなかった糖を栄養源として、より豊かな香味を生む作用がある。

乳酸菌発酵

ウイスキーのもろみ発酵において、酵母以外に活躍する微生物である乳酸菌。乳酸菌は酵母が死滅した後に活躍し、優れた香気成分をたくさん生み出す。

	ディスティラリー酵母	ビール酵母
発酵時間	短い	長い
発酵パワー	高い	低い
アルコール収率	高い	低い
香味	クリーン、エステリー	芳醇

発酵にまつわる成分

発酵もろみの成分

揮発性成分
アルコール／脂肪酸類／エステル類／硫化化合物など

不揮発性成分
糖類／アミノ酸／タンパク質／ビタミン類／脂質／ポリフェノール

発酵で生じるもの

　発酵の大きな目的はアルコール分（エチルアルコール）を生成することだが、酵母が増えるにしたがい、アルコールと炭酸ガス以外にエステル類などの香気成分も生まれてくる。他にも脂肪酸類、硫化化合物などたくさんの揮発性成分や、アミノ酸、ビタミン類などの不揮発性成分が生まれ、複雑な味わいとなる。さらに、酵母が死滅した後も、発酵後期に生まれた乳酸菌によっても香味成分が生まれる。こうした微生物の働きにより、複雑なウイスキーのフレーバーがもたらされるのだ。

　なお、発酵液（ウォッシュバックと呼ばれる）の成分は酵母の違い、発酵時間の長短、発酵槽の素材（木製かステンレス製か）、天候（気温や湿度）など、さまざまなファクターで変わってくる。蒸溜所では個性豊かなウォッシュバックを目指し、さまざまなくふうを凝らす。

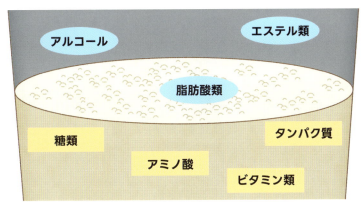

Chapter7
ウイスキーの蒸溜

単式蒸溜器（ロイヤル・ブラックラ蒸溜所）

水とアルコールの沸点の違いを利用して、アルコール分を
抽出するのが蒸溜。蒸溜により風味の高いクリアな酒ができあがる。

　水の沸点が100℃なのに対して、アルコールの沸点は78.3℃（蒸溜所によって異なる）。これを利用してアルコール分を取り出す作業が蒸溜だ。

　蒸溜器にもろみを入れて加熱すると、最初に沸点が低いアルコール分が蒸発する。この蒸気を集め、冷却して再び液体に戻したものを蒸溜酒またはスピリッツと呼ぶ。難しいのは、この時点でアルコール度数を高くし過ぎると、純度は高いが原料自体の風味が感じられなくなってしまうこと。国によって基準は異なるが、日本ではアルコール度数が95度を超えるとニュートラルスピリッツに分類される。

　モルトウイスキーでは蒸溜は複数回行われる。1回の単式蒸溜ではアルコール度数は約20度までしか上がらず、最低でも2回は蒸溜を行う。アイルランドなどでは3回蒸溜を行う場合もある。1回目を初溜、2回目を再溜と呼び、初溜液をローワインと呼ぶ。

　再溜液の最初と最後に流れ出る蒸溜液はカットされ、使われるのは中間部分のみ。残りの再溜液は、次のローワインと合わせて再溜に回される。こうして蒸溜を繰り返していくことで、アルコール成分が濃縮され、純度の高いウイスキーとなる。

ミドルカット

再溜時に流れ出る中間部分の蒸溜液をミドルカット（ハート）という。ミドルカットはスピリットセーフを見つつ判断される。

ミドルカットを見極める
（ベンロマック蒸溜所）

5章 ウイスキーの造りを知る

蒸溜の流れ

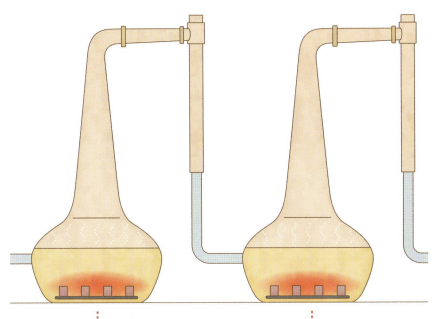

加熱方法

直火焚き

もろみを直火で加熱すると一般に香ばしいスピリッツになるといわれている。現在、直火式加熱は少なくなっている。

間接加熱

間接加熱で抽出されたスピリッツはすっきりとクリーンなものに仕上がるといわれる。こちらが現在の主流である。

初溜（6～8時間）

最初の蒸溜ではアルコール度数6～7度のもろみを20度近くまで上げる。蒸溜器が銅でできていることから、不純物が取り除かれ、香味成分も生まれる。

再溜（約6時間）

2回目の蒸溜ではさらにアルコール度数を70度前後まで上げ、香味バランスも整う。再溜のうち、熟成に回されるのは最初と最後を除いたミドルカットのみ。

初溜と再溜の役割

蒸溜を繰り返すことでもろみはクリアでアルコール度数の高い蒸溜液に生まれ変わる。初溜で雑味を抜き、再溜で純度を高めるのだ。

蒸溜器の形（ネック）

ノーマルネック（ストレート）

蒸溜器の肩口からネックがストレートに伸びたタイプ。一般にストレート型で蒸溜すると、力強く重厚な味わいになるといわれる。

バルブレア蒸溜所

ランタンネック

蒸溜釜とネックがくびれているタイプ。一度すぼませることで、上記の立ち上がりが制限されるので軽くすっきりとした味わいに。

グレンキンチー蒸溜所

バルジネック

蒸溜釜とネックの間にふくらみがあるタイプ。ボールネックとも呼ばれる。ふくらみの中で香味成分が凝縮し、複雑な味わいになる。

グレンドロナック蒸溜所

オニオンネック

ボディ全体が玉ねぎのように丸みを帯びているタイプ。アルコール以外の成分が残った複雑な味わいとなる。

ラガヴーリン蒸溜所

5章 ウイスキーの造りを知る

蒸溜器の形の違いと風味の差

蒸溜器はアルコールを気化し、再度液体にする機械だが、単式蒸溜の場合、加熱されたもろみの蒸気がどのように動くかが重要なポイントとなる。

単式蒸溜では大きく分ければ、ネック部分がストレートなタイプと、くびれたりふくらんだりしたタイプになる。

一度上昇した蒸気がそのまま冷却されると、アルコール以外のさまざまな成分が残り、重く複雑な蒸溜液となる。一方、ランタンネックやバルジネックのように、蒸気が釜とネックの間を行き来すると、アルコール分が凝縮されていく。

つまり、ネック部分の形を変えることで、上記の流れをコントロールしている。

なお、蒸溜器の形は同蒸溜所内でも同じものばかりではない。とりわけ、日本の蒸溜所ではさまざまなタイプの蒸溜液を得るために、蒸溜器の形もいろいろ。それをブレンドして複雑な味を造っている。

ネックがまっすぐな場合、空気にふれる面は少なくなり釜に戻る蒸気が少ない。

アルコール以外の風味が残る

ネックが蒸気釜からまっすぐ伸びていることで、外気にふれる面積は小さくなる。ゆえに、釜に戻る蒸気は少ない。結果としてアルコール分以外の成分が残った蒸溜液となる。

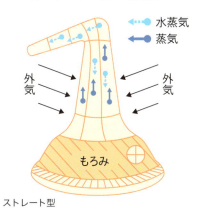

ストレート型

ネックにふくらみがあると、蒸気の流れは複雑に。釜に戻る蒸気が少ない。この蒸気が上昇し繰り返す。

アルコール成分の多いものに

ネックにふくらみ（へこみの場合も）があるとき、蒸気の流れは複雑になる。蒸気は何度も釜とネックの間を行き来し、結果としてアルコール成分が凝縮した蒸溜液となる。

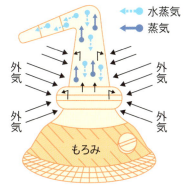

バルジ型

Chapter8
連続式蒸溜機のしくみと風味

知多蒸溜所

幾度も蒸溜を繰り返し、効率よく大量のスピリッツが得られる連続式蒸溜機。クリアで高アルコールな蒸溜液となる。

1820年代にイギリスのロバート・スタインにより発明された連続式蒸溜機は、複数の塔で形成される装置だ。

巨大な塔の中には10数段から数十段の穴のあいた棚段が設置される。塔の上部からもろみが投入され、下から蒸気が送られると、トレイの穴から蒸気が噴き出し、各段でアルコール成分が分離される。いわば棚一段が単式蒸溜器と同じはたらきをする形になる。蒸溜が繰り返されることで、アルコール度が90度以上の蒸溜液が得られる。しかもすっきりとクリアで雑味の少ないスピリッツとなる。

さまざまな原料に対応できるため、グレーンウイスキーのほか、バーボンウイスキーやカナディアンウイスキーなどで用いられている。

連続式蒸溜機は19世紀に発明され、単式蒸溜器と比較して、安価にスピリッツの大量生産が可能となった。そして、個性豊かなモルトウイスキーと、クリアなグレーンウイスキーをブレンドしたブレンデッドウイスキーが誕生した。まさに連続式蒸溜機は、スコットランドの地酒を世界の蒸溜酒に変えた立役者といえるだろう。

コフィー式

カフェ式とも呼ばれ、塔は2つ。現在のものと比較して純度は多少低いが、原料の風味が残ったスピリッツとなる。あえてこの連続式蒸溜機を使う場合もある。

5章 ウイスキーの造りを知る

連続式蒸溜機のしくみ（コフィー式）

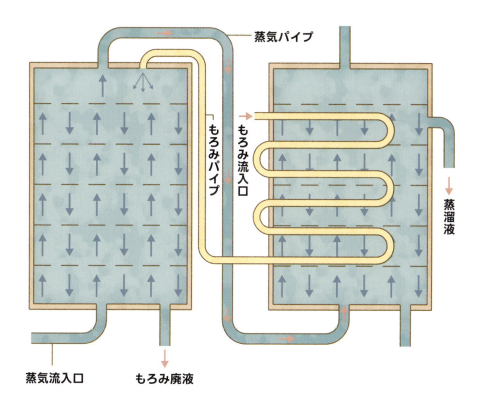

ウイスキーの種類と連続式蒸溜機

グレーンウイスキー

大麦麦芽のみのモルトウイスキーに対し、トウモロコシや小麦などその他の穀物も使い、連続式蒸溜機で蒸溜する。大量生産でき、ブレンデッドウイスキーの主材料となる。

バーボンウイスキー

トウモロコシを51％以上使うバーボンウイスキーもビアスチルと呼ばれる連続式蒸溜機でアルコール分を取り出し、ダブラー（精溜機）で液体に戻した後精溜される。

カナディアンウイスキー

麦類を原料とするもろみとトウモロコシを原料としたもろみを別々に造り、それぞれ連続式蒸溜機で蒸溜した後に熟成。3年以上熟成した後にブレンドされる。

Chapter9
ウイスキーの熟成

熟成中の樽のようす（白州蒸溜所）

蒸溜したばかりの酒をニューポットと呼ぶが、
これを木樽で熟成することで琥珀色のウイスキーが完成する。

　ニューポットはアルコール度数が高く、刺激が強くて荒々しい。これを加水してアルコール度数63度くらいに下げてから木樽に入れ、少なくとも3年以上熟成させ、味や風味をまるくする。

　よく樽が呼吸すると表現されるが、熟成中、外気の温度が上がると樽と液体が膨張し、水分とともにエタノールなど揮発成分の蒸散が進む。さらに熟成が進むと液体が酸化熟成し始め、樽材からタンニンやポリフェノールが溶け出す。酸化・還元反応から特有の香りが生まれ、やがて、アルコールの分子に水の分子が入り込み、まろやかな口当たりとなる。

　同時に、無色透明から琥珀色に変化する。

ニューポット
蒸溜したてのウイスキーのこと。ニューメイクスピリッツとも呼ばれる。無色透明で若々しく、粗削りで麦芽由来の風味が直接感じられる。

天使の分け前
樽に入れられたウイスキーは少しずつ蒸散して、量が減る。この減った分のウイスキーを天使の分け前とも呼ぶ。

蒸散のしくみ

蒸散（水、アルコール、未熟成香）
呼吸（空気）
樽材成分の溶出と分裂
酸化反応
琥珀色
琥珀色
水とアルコール分子の会合
エステル分の生成

樽熟成による変化

0 年

ニューポットの状態
若々しい味わい

初期段階では不快臭の元である硫黄化合物の揮発が進むが、色は無色透明に近い。見た目としてはウイスキーというよりウオッカのよう。香りも味わいもウイスキーらしくはなく、ツンとした刺激臭がまだ残る。

7 年

少しまるみが出てくる
10％以上が失われる

樽に入れられてから7年もたつと、スピリッツ特有の荒々しさはやわらいで、口当たりがよくなる。樽材に含まれるタンニンの影響で、少しずつ黄色みを帯びてくる。蒸散も進み、量もずいぶんと減る。

15 年

琥珀色に変わり
熟成の極み

樽に入れられて15年たち、無色透明だったニューポートは黄金色から褐色、赤褐色へと変化する。味、香りとともに円熟するが、劣化も始まる。骨太なウイスキーのみが、15年、20年、25年という長時間の熟成に耐えうるのだ。

Chapter10
樽の種類と樽材

樽は何度も使われる（ザ・グレンリベット蒸溜所）

貯蔵や熟成に使われる樽は、ウイスキーの風味を大きく左右し、樽の大きさや使われるオーク材の産地でも変わってくる。

熟成で使用される樽や熟成期間により、できあがるウイスキーの風味は大きく異なる。

たとえば、他の酒の熟成に使われた樽に詰めた場合、その酒の風味がプラスされる。シェリー樽熟成なら甘美な香りが、バーボン樽熟成ならバニラ香がつく。ラム酒やワインの樽が使われることもある。

樽材の産地も大きく関係する。基本、樽はオーク材で作られるが、アメリカンオークの樽で熟成すれば黄色がかった褐色に、ヨーロピアンオークなら赤みが強くなる。

なお、樽の積み方によっても熟成具合は変わる。

オーク

ウイスキーの樽は多くはオーク材で作られる。世界で300種以上のオークが存在する。樽材の多くはホワイトオーク。

主なオークの種類

ホワイトオーク

アメリカンオークとも呼ばれる。ウイスキーの樽の約95％はこの北米産の木材が使われる。バーボン樽やシェリー樽、ワイン樽などに広く使用されている。

コモンオーク

ヨーロピアンオークとも呼ばれる。中でもスペイン産のものをスパニッシュオークと呼ぶ。シェリーでシーズニングし、ウイスキーを熟成する樽に使われる。

ミズナラオーク

ジャパニーズオークとも呼ばれる。日本固有のオーク材であるミズナラオークは、山崎蒸溜所や白州蒸溜所でウイスキーの熟成に使われ、世界でも高い評価を受けている。

5章 ウイスキーの造りを知る

ウイスキー樽の種類

樽は側板と天地をつなぐ鏡板、側板と鏡板をつなぐ帯鉄、帯鉄を留めるリベットで構成されている。ウイスキー樽にはいろいろな大きさがあり、下記以外にも40L前後のクオーターカスクやワイン熟成用のバリック（220〜300L）などもある。

さまざまなウイスキー樽（白州蒸溜所）

❶ホグスヘッド

使い古したバレルを解体し、側板を再利用して作られる。スコッチで最も多く使われる。名前は樽の重さが豚一頭の重さと近いから。

Hogshead　容量／230L
最大径／約72cm　長さ／約82cm

❷バレル

バーボンによく使われることからバーボン樽とも呼ばれ、華やかな木香やバニラ香をもたらす。容量が小さく、長期熟成には向かない。

Barrel　容量／180〜200L
最大径／約65cm　長さ／約86cm

❸パンチョン

4つの樽の中でもっとも径が大きい。そのため、シェリーバットよりゆっくりと熟成が進む。すっきりとした味わいになりやすい。

Puncheon　容量／480〜500L
最大径／約96cm　長さ／約107cm

❹シェリーバット

スペインの酒精強化ワインであるシェリーの熟成に使われていた樽。この樽で熟成すると香りや甘味がほのかに残る。

Sherry butt　容量／480〜500L
最大径／約89cm　長さ／約126cm

熟成に使われる樽（カスク）

バーボンカスク

ウイスキーの熟成によく使われるのが、バーボンを詰めた後の空き樽。バーボンには新樽の内側を焦がしたものを使う。この樽で詰めるとバニラ香がつく。

シェリーカスク

スコッチやジャパニーズウイスキーは新樽で熟成されることはほとんどない。シェリーを詰めた後の空き樽はバーボン樽と並んでよく使われ、甘い芳香がつく。

ポートカスク／マディラカスク

ポルトガルの酒精強化ワインであるポートワインやマディラワインを詰めた後の樽が使われることもある。前者は濃厚なフレーバーが、後者は甘さが際立つ。

スプリングバンク蒸溜所

その他のカスク

ラムやコニャック、ビールなどさまざまな樽が最近は使われている。熟成期間中、ずっと同じ樽に詰めるのではなく、最後に少しの間だけほかの樽で後熟させることも。樽の使い方はウイスキーの味を左右するため、さまざまな手法が用いられている。

新樽貯蔵

すべて新しい材料で作られた樽。樽材から抽出される成分が多く、熟成が早い。他の樽に比べ、原酒の個性がもっとも出やすく、色は薄い。

活性樽貯蔵

樽の内側をバーナーで焼き、再度組み立てた樽。樽からの影響は少なく、ゆっくりと熟成する。バニラやカシスを思わせる香りが出る。

バーボン樽貯蔵

バーボンを貯蔵していた樽。ほのかなバニラ香が特徴。色はシェリー樽熟成のものに比べれば薄くオレンジ色。濃厚な芳香がある。

シェリー樽貯蔵

シェリーの貯蔵に使われていた樽。色はかなり濃い赤茶色となる。ほのかに感じられる果実の甘酸っぱさと、重厚で厚みのある酒になる。

5章 ウイスキーの造りを知る

熟成庫の与える影響

　熟成には外部の気温や湿度、貯蔵環境も大きな影響を与える。たとえば、スコットランドに比べて温度も湿度も高い日本や台湾、インドでは蒸散が早く、熟成が進みやすいといわれている。

　熟成庫の状況も熟成に影響する。土床のダンネージ式の倉庫は、石やレンガ造りの建物で、気温・湿度ともに安定する。一方、ラック式は気候の影響を受けやすいため、上段と下段では熟成の進み方が変わってくる。そのため、ときどき樽を入れ替えることもある。

ダンネージ式
土の床に直接、木のレールを敷いて樽を並べ、それを数段重ねる。一般的には3段までしか積まない。

ラック式
巨大な棚に樽を横にして並べていく形。狭いスペースにたくさんの樽を収納できる。棚は10段程度から20数段の巨大なものまでさまざま。

パラダイス式
パレッド板の上に樽を縦にして並べる方法。樽を縦にして積み上げるため、スペース的にはもっとも効率的。フォークリフトを使ってパレットごと樽を動かせる。

Chapter11
ブレンディングとヴァッティング

ブレンディング

樽熟成を終えてもウイスキーはそのまま出荷されるわけではない。
ブレンドや加水などさまざまな工程を経る。

　長い年月をかけて樽熟成が終えたウイスキーにはさまざまな仕上げの作業が存在する。

　まずはブレンディングやヴァッティング。ひとつの銘柄が完成するまでには20〜50種類もの原酒が配合される。この配合比率を決めるのがブレンダーの仕事。同じように熟成させても、ひとつとして同じ味わいの樽はなく、それを常に同じ味わいに仕上げるためには、研ぎ澄まされた味覚と嗅覚、そして経験が不可欠だ。

　ブレンド後、再び樽に入れ後熟されることも多い。原酒のアルコール度数はたいてい60度以上なため、40〜46度に加水して出荷される。

　そして、出荷前の最終チェックを行うのがノーザーズと呼ばれる役職の人々。ウイスキーはテイスティングではなく、多くは香りで品質が判断される。一人前のノーザーになるためには、最低でも10年はかかるといわれている。

　217ページにその一部を紹介したが、実はウイスキーの仕上げの工程は蒸溜所により異なり、機械化も進んでいる。とはいえ、最終の仕上げに人間の経験がものをいうことは今も変わらない。

ラベルでわかる

ウイスキーの仕上げの工程で何が行われて、何が行われなかったかは実はラベルに書かれていることも多い（16ページ参照）。

ヴァッティングとブレンディングの言葉の違い

一般にモルト原酒同士を合わせることをヴァッティング、モルト原酒とグレーン原酒を合わせることをブレンディングという。とはいえ、最近はすべてをブレンディングという場合も多い。

熟成後の流れ

ブレンディング

ヴァッティング

熟成を終えたウイスキーが樽から出されると、まずは木片などが取り除かれる。その後、ウイスキーブレンダーがテイスティングしつつ、レシピに沿ってブレンドされ微調整する。熟練の経験がものをいう作業だ。

シングルカスク
ひとつの樽の原酒を詰めたウイスキーのこと。

ダフタウン蒸溜所

後熟

原酒をブレンドしてから再度樽に詰め、数カ月から1年ほど後熟することもある。同じ樽のことも多いが、ここで樽を変えることもある。この作業をマリッジという。

冷却ろ過

チルフィルタリング
低温下で白濁する原因となる脂肪酸やエステルを取り除く作業のこと。いったん冷却した後に、ウイスキーをフィルターで濾して、それらの成分を除去する。

ノンチルフィルター
冷却ろ過はすべてのウイスキーで行われるわけではない。その場合、ラベルにノンチルフィルターなどの表記がある場合も。

加水

熟成を終えたウイスキーはアルコール度数が高いため、一般的に加水して度数を下げる。このとき使われるのは、原酒の味わいを邪魔しないニュートラルな精製水。

カスクストレングス
加水せず、樽出しのままのアルコール度数で瓶詰めしたもの。シングルカスクと異なり、複数の樽のブレンドはしている。

着色

スコットランド、アイルランド、日本ではウイスキーの着色が認められており、ラベルへの表示義務はない。無着色の場合、ノンカラー、ナチュラルカラーといった表記があることも。

瓶詰め

仕上げ作業後に瓶詰めされ、ラベルを貼り出荷される。ラベルにdistilled in 2005、15years old、bottled 2020とあったら、蒸溜が2005年、15年以上熟成、瓶詰め2020年という意味。

COLUMN

樽熟成の進化

　ウイスキーの味を決める要素の60〜80%は熟成であるといわれるように、ウイスキーにとって、熟成と熟成に使う樽はとても重要だ。そのため蒸溜所やボトラーでは樽の調達や樽作りにこだわり、さまざまな工夫を重ねている。

　ザ・マッカランの熟成に使われる樽は、独自の仕様に基づいて作られており、最終的な香りと風味の80%は樽によって決められるともいわれる。熟成に使うシェリー樽は、スペインのヘレス・デ・ラ・フロンテーラでシェリー酒を用いてオーク樽に風味づけが行われている。ザ・マッカランのマスター・オブ・ウッドからの承認を与えられた樽は、ワインセラーへ送られ、樽にはドライなオロロソシェリーが詰められ、少なくとも12〜18カ月間じっくりと寝かされるのだ。

　また、グレンフィディックでは、シェリー酒熟成に用いられるソレラシステムを応用した「ソレラバット」（大桶で後熟する方式）を使った熟成を行っている。

　ザ・ファーキンでは、1stフィルバーボン樽とフレンチオークの新樽（ライトチャー）の2種類の樽材を組み合わせた特製の200L樽「ファーキンカスタムカスク」を、熟成させるウイスキーに合ったフォーティファイドワイン（シェリーやマルサラ等）でシーズニングした後、ウイスキーを樽詰めして熟成させている。

樽熟成が個性を決める。

索 引

A
Aberlour Over Ten 10 Years Old V.O.H.M. ·············· 129
Ardbeg Guaranteed 30 Years Old ·············· 139
Ardbeg Limited 1975 Edition ·············· 139
Ardbeg Spectacular ·············· 139
Ardnahoe 5 Years Old First Release By Air ·············· 138
Auchentoshan 12 Years Old ·············· 144

B
Ballantine's 17 Years Old Signature Edition Millenium 2000·············· 159
Ballantine's Aged 30 Years·············· 158
Ballindalloch 2015 Vintage Release ·············· 137
Bell's decanter ·············· 161
Black & White ·············· 159
Bowmore Black 1964 ·············· 140
Bowmore Bicentenary 1964-1979 ·············· 140
Bowmore The Vintner's Trilogy 26 Years Old ·············· 141

C
Canadian Club Gold 6 Years Old ·············· 169
Cardhu Aged 12 Years 200 Anniversary·············· 130
Chivas Regal Chairman's Reserve 25 Years Old ·············· 153
Crown Royal Fine De Luxe ·············· 169
Cutty Sark Malt ·············· 161
Cutty12 12 Years Old ·············· 149

D
Dunhill Old Master ·············· 156

E
Evan Williams 23 Years Old ·············· 168

G
George Dickel Tennessee Old No. 8 Brand ·············· 167
Glen Elgin Aged 12 Years Pure Highland Malt 1970's ·············· 130
Glen Grant 1936 ·············· 131
Glen Grant Royal Marriage 1948 & 1961 ·············· 131
Glenfarclas Highland Single Malt Scotch Whisky Aged 30 Years ·············· 132
Glenfiddich 125 Anniversary Edition ·············· 132
Glenfiddich Pure Malt Scotch Whisky Over 8 Years ·············· 133
Glenmorangie A Tale Of Tokyo Highland Single Malt Scotch Whisky ·············· 129
Glenmoray 5years Peated Singlecask Master Distiller's Selection ·············· 133
Grant's Aged 21 Years ·············· 151
Grant's 25 Years Old Very Rare Scotch Whisky 1887-1987 100th anniversary 150

H Harrods 12 Years Old ････････････････････････ 157
House Of Hazelwood Aged 21 Years ･･････････････ 160
100 Pipers ･････････････････････････････ 157

I I.W.Harper 12 Years Old ･････････････････ 167

J Jack Daniel's Bicentennial 1796-1996 ･･････････ 167
Jameson Single Pot Still ････････････････････ 165
Jim Beam 100 Months Old ････････････････ 168
Jim Beam 1795-1995 200 th Anniversary ･･･････････ 168
Johnnie Walker Black Label Extra ･･････････････ 154
Johnnie Walker Red Label ････････････････ 154
Johnnie Walker Swing ･････････････････ 155

K Kavalan Single Malt Whisky Oloroso Sherry Cask Solist ････････ 180
Kilchoman 100% Islay 13th Release ･･････････ 138
King of Kings Stone Jug ････････････････ 151
Kyro Malt Rye Whisky Kyrö Malt Oloroso ･･････････ 179

L Lagavulin Pure Islay Single Malt Scotch Whisky Aged 12 Years ･････ 143
Lagg Corriecravie Edition ･･･････････････ 146
Laphroaig Islay Single Malt Scotch Whisky Aged 25 Years ･･･････ 143
Longrow 16 Years Old ･････････････････ 146

M M&H Elements Single Malt Whisky Red Wine Cask ･･･････ 179

O Octmore 15.3 Islay Barley ････････････････ 138
Old Parr De Luxe Scotch Whisky Tin Cap ･･･････････ 149

P Passport Scotch ･･･････････････････････ 156
Pinch ･････････････････････････････ 157
Platte Valley Stone Jug ･････････････････ 166
Port Ellen 1st Annual Release 1979 22 Years Old ･･･････ 142
President Special Reserve De Luxe Scotch Whisky ･･････ 159

Q Q･E･2 Highland Malt Scotch Whisky ･･･････････ 128

R Rosebank 12 Years Old ･･･････････････ 144
Rosebank 20 Years Old ･････････････････ 145

S Scotia Royale 12 Years Old ･････････････ 156

索引

S
Seagram's V.O. ·················· 169
Springbank Local Barley 1966 ·················· 147
Strathisla 1960 ·················· 135

T
Talisker Single Malt Scotch Whisky Aged 25 Years ·················· 146
The Edradour Aged 10 Years ·················· 128
The Glenlivet 12 Years of Age The Glenlivet 200 Years ·················· 134
The Glenlivet Twenty Five Years of Age ·················· 135
The Lakes The Whiskymaker's Reserve No.5 ·················· 163
The Macallan 30 Years Old Sherry Oak ·················· 137
The Macallan Cask Strength ·················· 136
The Macallan The Harmony Collection Inspired By Intense Arabica ·················· 136
The "Royal Household" ·················· 152
Tullamore Dew 12 Years Old ·················· 164

W
Waterford The Cuvée ·················· 165
Westland American Single Malt Whiskey ·················· 166
White Heather ·················· 160
White Horse ·················· 162,163

Y
Ye Monks A De Luxe Scots Whisky Donald Fisher Ltd ·················· 148

あ
厚岸 ヴァッテッドモルトウイスキー「鹿の通り道」·················· 175
イチローズモルト エースオブ・クラブス ·················· 170
イチローズモルト ザファイナルヴィンテージオブ羽生 ·················· 174
イチローズモルト秩父 レッドワインカスク 2023 ·················· 174

さ
サントリーウイスキーオールド ·················· 178
サントリー角瓶 ·················· 178
サントリー白州 ヴィンテージモルト 1981 ·················· 170
サントリーシングルモルトウイスキー白州 Story of the Distillery 2024 EDITION 177
サントリーシングルモルトウイスキー山崎 Story of the Distillery 2024 EDITION 176
サントリー響 21 年 ·················· 177
サントリー山崎 オーナーズカスク 1995 ·················· 170
シングルモルト嘉之助 2023 LIMITED EDITION ·················· 173
シングルモルト駒ヶ岳 屋久島エージング bottled in 2019 ·················· 173
シングルモルト日本ウイスキー静岡 ポットスティル K 純日本大麦初版 ·················· 177

に
ニッカウヰスキー シングルモルト宮城峡 1988 20 年 ·················· 171
ニッカウヰスキー シングルモルト余市 1988 20 年 ·················· 172
ニッカウヰスキー シングルモルト余市 海底熟成酒 ·················· 173

問い合わせ先一覧

MHD モエヘネシーディアジオ(株)
〒101-0051
東京都千代田区神田神保町 1-105 神保町三井ビル 13F
03-5217-9777

アサヒビール(株)
〒130-8602
東京都墨田区吾妻橋 1-23-1
0120-011-121(お客様相談室)

(株)ウィスク・イー
〒101-0024
東京都千代田区神田和泉町 1-8-11-4F
03-3863-1501

ガイアフロー(株)
ガイアフローディスティリング(株)
〒421-2223
静岡県静岡市葵区落合 555
054-292-2555

サントリー株式会社
〒135-8631
東京都港区台場 2-3-3
0120-139-310(お客様センター)

スコッチモルト販売(株)
〒173-0004
東京都板橋区板橋 1-8-4　6F
03-3579-8587

ディアジオジャパン(株)
〒107-6243
東京都港区赤坂 9-7-1 ミッドタウン・タワー 43 階
0120-014-969(お客様センター)

バカルディジャパン(株)
〒150-0011
東京都渋谷区東 3-13-11 A-PLACE 恵比寿東ビル 2F
HP：http://www.bacardijapan.jp/

ブラウンフォーマンジャパン(株)
〒108-0075
東京都港区港南 2-15-3 品川インターシティ C 棟 7F
03-5050-0747

(株)フードライナー 本社
〒658-0031
神戸市東灘区向洋町東 4-15-19
078-858-2043

ペルノ・リカール・ジャパン(株)
〒112-0004
東京都文京区後楽 2-6-1 住友不動産飯田橋ファーストタワー 34F
03-5802-2756(お客様相談室)

ミリオン商事(株)
〒136-0076
東京都江東区南砂 2-5-14 goodoffice 東陽町 401 号室
03-3615-0411

リカーズハセガワ(有限会社八重洲長谷川酒食品) 本店
〒104-0028
東京都中央区八重洲 2-1 八重洲地下街 中 4 号 八重洲地下 1 番通り
03-3271-8747

レミーコアントロージャパン(株) 本社
〒105-0001
東京都港区虎ノ門 4-2-3　虎ノ門トーセイビル 7
03-6441-3030

(株)サクラオブルワリーアンドディスティラリー
〒738-8602
広島県廿日市市桜尾一丁目 12-1
(0829)32-2111

(株)ジャパンインポートシステム
〒103-0021
東京都中央区日本橋本石町 4-6-7
03-3516-0311

(株)ベンチャーウイスキー
〒368-0067
埼玉県秩父市みどりが丘 49
0494-62-4601

(株)金龍
〒998-0111
山形県酒田市黒森字草刈谷地 180-1
0234-92-4567

(株)東亜酒造
〒348-0054
埼玉県羽生市西 4-1-11
048-561-3311

(株)尾鈴山蒸留所
〒884-0104
宮崎県児湯郡木城町石河内字倉谷 656-17
0983-223-973

軽井沢ウイスキー(株)
〒389-0113
長野県北佐久郡軽井沢町発地 2785-318
0267-46-4939

堅展実業(株) 厚岸蒸溜所
〒088-1124
北海道厚岸郡厚岸町宮園 4-109-2
0120-66-1650(お客様センター)

江井ヶ嶋酒造(株)
〒674-0065
兵庫県明石市大久保町西島 919
078-946-1001

国分グループ本社(株)
〒103-8241
東京都中央区日本橋 1-1-1
03-3276-4125

笹の川酒造(株)
〒963-0108
福島県郡山市笹川 1-178
024-945-0261

三陽物産(株)
〒530-0037
大阪府大阪市北区松ケ枝町 1-3
06-6352-1124

問い合わせ先一覧

若鶴酒造(株)
〒939-1308
富山県砺波市三郎丸208
HP：https://www.wakatsuru.co.jp/info

小正嘉之助蒸溜所株式会社 嘉之助蒸溜所
〒899-2421
鹿児島県日置市日吉町神之川845-3
099-201-7700

小正醸造株式会社 日置蒸溜蔵
〒899-3101
鹿児島県日置市日吉町日置3309
099-292-3535

小諸蒸留所
〒384-0801
長野県小諸市甲4630-1
0267-48-6086

日本酒類販売(株)
〒104-0033
東京都中央区新川一丁目25-4
03-4330-1735

本坊酒造(株) 本社
〒891-0122
鹿児島県鹿児島市南栄3-27
099-822-7003

雄山(株) 本社
〒650-0047
神戸市中央区港島南町1-4-6
078-304-5125

キリンホールディングス(株) 本社
〒164-0001
東京都中野区中野四丁目10-2　中野セントラルパークサウス
0120-111-560(お客様相談室)

(株) 都光 本社
〒110-0005
東京都台東区上野6-16-17　朝日生命上野昭和通ビル1F
03-3833-3541

(株) 明治屋
〒104-8302
東京都中央区京橋2-2-8
0120-565-580

CAMPARI JAPAN(株)
〒107-0062
東京都港区南青山1-1-1 新青山ビル西館6F
0120-337-500

クラウド＆ウォーター NY(株)
〒602-8031
京都府京都市上京区西洞院通椹木町上る東裏辻町413
HP：https://www.cloudandwaterny.com/

ウイスキーの達人に訊く！
ウイスキーを愉しむ講座「ザ・シークレットバー」

本書の著者・橋口孝司氏が開催するイベント「ザ・シークレットバー」では、ハイランドを代表するブランドを堪能したり、人気のシェリーカスクを飲み比べたりと、テーマに沿ったウイスキーのテイスティングを行っている。ほか、橋口氏によるウイスキー講座や「燻製料理とお酒の教室」なども開催しており、ウイスキーの知見が広がること間違いなし。

ザ・シークレットバー
詳細はこちらをアクセス

著者プロフィール

橋口孝司
Takashi Hashiguchi

株式会社ホスピタリティバンク代表 / 執筆家 / 講演家 / 農商工連携プロデューサー / シャンパーニュ騎士団「シュバリエ」/ ベルギービール プロフェッサー

ホテルバーテンダーからスタートし、料飲部門統括、新規ホテル開業準備室長、2002年よりセレスティンホテル副総支配人。

酒類関係団体の顧問や理事を歴任し、国内外において講演、セミナーを行う。2017年から2019年には東京中目黒にてウイスキーバーのプロデュース・運営を手がけ、現在はセミナーの開催や、ウイスキーを愉しむセミナー＆テイスティングイベント「ザ・シークレットバー(会員制)」を銀座と西麻布にて定期的に開催している。

著書に「ウイスキーの教科書」「カクテル＆スピリッツの教科書」(新星出版社)、「ビジネスエリートが身につける教養　ウイスキーの愉しみ方」など、監修に「世界のウイスキー図鑑」(デイヴ・ルーム著、橋口孝司監修)ほか多数。Webでは、「モノマガジン」にて「お酒博士・橋口孝司の酒千夜」を連載中。

本書の内容に関するお問い合わせは、**書名、発行年月日、該当ページを明記**の上、書面、FAX、お問い合わせフォームにて、当社編集部宛にお送りください。**電話によるお問い合わせはお受けしておりません。**また、本書の範囲を超えるご質問等にもお答えできませんので、あらかじめご了承ください。

FAX：03-3831-0902

お問い合わせフォーム：https://www.shin-sei.co.jp/np/contact.html

落丁・乱丁のあった場合は、送料当社負担でお取替えいたします。当社営業部宛にお送りください。
本書の複写、複製を希望される場合は、そのつど事前に、出版者著作権管理機構(電話：03-5244-5088、FAX：03-5244-5089、e-mail：info@jcopy.or.jp)の許諾を得てください。
[JCOPY] <出版者著作権管理機構 委託出版物>

ウイスキーの基礎知識

2024年12月25日　初版発行

著　者	橋　口　孝　司	
発行者	富　永　靖　弘	
印刷所	株式会社新藤慶昌堂	

発行所　東京都台東区　株式　**新星出版社**
　　　　台東2丁目24　会社
　　　　〒110-0016　☎03(3831)0743

© Takashi Hashiguchi　　　　　　　　Printed in Japan

ISBN978-4-405-09461-1